TESORI COMMESTIBILI

I SEGRETI DELLA RACCOLTA IN NATURA

Da

Anthony Makwa

© **Copyright 2024 di Anthony Makwa - Tutti i diritti riservati.**

Questo libro si propone di fornire informazioni complete e affidabili sull'argomento e sulle sue problematiche. La trattazione e i consigli contenuti nel libro non possono sostituire la consulenza professionale effettuata da un professionista legalmente qualificato. È vietato qualsiasi tipo di riproduzione, duplicazione o trasmissione del contenuto del libro senza specifica autorizzazione scritta dell'autore e/o del titolare del copyright, così come la registrazione o l'archiviazione dell'intero documento. Tutti i diritti sono riservati. Le informazioni contenute nel libro derivano dall'esperienza e dallo studio dell'autore, ma è bene sottolineare che l'utilizzo dei processi o delle indicazioni in esso contenute è di esclusiva e totale responsabilità del lettore destinatario. Nessuna responsabilità o richiesta di risarcimento può essere avanzata nei confronti dell'editore per qualsiasi indennizzo, danno o perdita pecuniaria che il lettore possa trarre, direttamente o indirettamente, dalle informazioni contenute nel libro. Tutti i nomi di marchi e loghi presenti nel libro sono utilizzati solo a scopo chiarificatore e sono di proprietà dei rispettivi titolari, non affiliati a questo documento.

Indice dei contenuti

Introduzione

Capitolo 1: Le basi del foaggiamento

Capitolo 2: Il viaggio

Capitolo 3: Cucinare con la natura

Capitolo 4: Sopravvivenza in natura

Capitolo 5: Esplorando i nuovi orizzonti

Capitolo 6: Piccole abitudini per la vita quotidiana

Conclusione

BONUS

Introduzione

Uno dei modi principali con cui i nostri antenati cacciatori-raccoglitori soddisfacevano la loro fame era il foraging, ovvero la raccolta di cibo in natura. Per soddisfare le loro esigenze nutrizionali, si dedicavano alla caccia degli animali e alla raccolta di piante e parti di piante selvatiche, come bacche, frutti e radici. Sembra che i nostri predecessori dessero molta più importanza al consumo di alimenti prodotti naturalmente rispetto a noi. Non si può ignorare il fatto che i nostri predecessori erano costretti ad affidarsi alla natura per il loro fabbisogno nutrizionale.

È tempo che la nostra specie "ultra-civilizzata" prenda spunto dai nostri predecessori cacciatori-raccoglitori e si connetta con la natura per ottenere ciò di cui abbiamo bisogno. Il segreto è ricordarsi di prendere ciò che ci serve da Madre Natura e non assecondare la nostra avidità. Trovare il cibo attraverso il foraging è un ottimo modo per tornare in contatto con la natura e iniziare ad apprezzare ciò che ha da dare.

I nostri antenati raccoglievano piante selvatiche commestibili per l'alimentazione durante tutto il periodo antico. A seconda della stagione e del tipo di cibo raccolto, venivano consumate immediatamente o conservate per un uso successivo, soprattutto quando il cibo scarseggiava.

Ad esempio, alcune radici e noci venivano raccolte e conservate per un uso successivo, mentre i prodotti freschi venivano consumati subito. Il foraggiamento era essenziale per lo stile di vita errante dei nostri antenati. I nostri antenati preistorici e nomadi avevano imparato a coltivare e ad allevare il bestiame durante il Neolitico.

Invece di dover vagare in cerca di cibo e riparo, potevano "stabilirsi" in un unico luogo. L'agricoltura è salita progressivamente alla ribalta come metodo principale per fornire cibo agli esseri umani. Con l'avvento della civiltà e l'incredibile espansione e sviluppo dell'agricoltura, la raccolta del cibo si è evoluta in un processo sistematico noto come raccolto.

La raccolta si è trasformata in un'attività economica nel corso del tempo e l'atto del raccogliere è stato visto come un'operazione strutturata e controllata. Il foraggiamento selvatico ha continuato ad aiutare le fasce più povere e indigenti della società a integrare le loro diete, a volte scarse, nonostante l'avvento dell'agricoltura.

Inoltre, coloro che non avevano ancora creato organizzazioni organizzate continuavano a scegliere questo metodo per procurarsi il cibo. Con il passare del tempo e l'innalzamento del tenore di vita di tutti i gruppi socioeconomici, soprattutto in Occidente, il foraggiamento in natura si è gradualmente trasformato in un passatempo. La maggior parte degli abitanti delle città si recava in campagna solo per passare il tempo a foraggiare e a sfruttare i suoi numerosi vantaggi.

Quando il cibo scarseggiava, si ricorreva anche al foraggiamento. Per esempio, durante la Seconda guerra mondiale, la fame e la povertà erano diffuse in gran parte del mondo. Molti individui sono stati in grado di resistere a quei tempi difficili grazie al foraggiamento. Anche integratori importanti come la vitamina C erano difficili da reperire all'epoca a causa delle restrizioni commerciali. Un altro prodotto soggetto a limitazioni commerciali era il caffè. La rosa canina raccolta forniva la dose giornaliera raccomandata di vitamina C e le radici di dente di leone e ghianda fungevano da popolari sostituti del caffè.

Il foraging è stato una parte importante del "movimento hippie" del XX secolo, che rappresentava un ritorno dell'umanità alla natura. Inoltre, l'esercizio è stato visto come un tipo di interazione sociale e ha contribuito alla crescita della consapevolezza di una prospettiva ponderata sull'assunzione di cibo.

Negli ultimi anni, le persone sono sempre più interessate al foraging di piante selvatiche per svago e per beneficiare dei vantaggi per la salute derivanti dal consumo di alimenti freschi coltivati localmente e biologicamente. Ogni anno milioni di persone sfruttano il loro limitato tempo di vacanza per caricare le famiglie e recarsi in alcune delle aree naturali più isolate del mondo. Escursionisti, cacciatori, foraggiatori, saccopelisti, trapper, conducenti di veicoli fuoristrada e piloti di ATV abbondano sui sentieri e nelle foreste, tutti alla ricerca della comunione con la natura.

Per scoprire quanto sia facile e stimolante appassionarsi al foraging nella natura, questo libro prende spunto dalla storia di Jordan, un uomo di 42 anni felicemente sposato che vive una vita bella e confortevole con la moglie e un figlio di 10 anni. Era un dirigente di una grande azienda di elettrodomestici. A causa della pressione lavorativa, era esausto e il suo corpo e la sua anima avevano bisogno di una vacanza. Quando ne parlò con Jordan era un amante della natura che amava andare all'avventura ed era interessato a una vita autosufficiente, aveva un interesse per la cucina ed era appassionato di gastronomia. I colleghi gli proposero una piccola sfida: "Sei talmente immerso nei tuoi impegni quotidiani che non saresti in grado di sopravvivere una settimana fuori città, senza telefono, internet e tutte le comodità a cui sei abituato. Moriresti di fame!". Questa è la sfida dei suoi amici Anthony ed Emanuel. Jordan li prende in parola e inizia a pianificare il suo viaggio di 7 giorni.

In questo libro conoscerete i segreti della natura e i metodi di sopravvivenza nell'ambiente selvaggio. Questo libro parla di un viaggio di 7 giorni di Jordan in giro per le montagne, le valli e le colline del Nord America. Jordan non sa nulla di come sopravvivere per 7 giorni nella natura selvaggia senza poter usare la tecnologia, le carte di credito e i cibi confezionati, ma ha un'idea. Prima di partire, decide di fare qualche ricerca sull'argomento e, soprattutto, di rivolgersi a una guida esperta per un consiglio.

Capitolo 1:

Le basi del foraggiamento

Il Web è una fonte facilmente accessibile di informazioni di base e Jordan è in grado di trovare molti consigli utili.

Le persone che vogliono entrare in contatto con la natura e ottenere cibo fresco e sano si rivolgono sempre più spesso al foraggio. Anche se può sembrare una nuova tendenza, è una pratica che esiste da migliaia di anni.

Il foraggiamento ha lo stesso significato di base da quando esiste l'uomo. Ma nel corso del tempo, il modo di cacciare e raccogliere è cambiato molto.

Molti di noi hanno perso queste informazioni a causa della vita moderna e dei grandi cambiamenti nel nostro modo di vivere. I nostri antenati conoscevano l'ambiente circostante e sapevano come trovare le piante selvatiche che potevano essere mangiate. Quindi, nel 2020, cos'è il foraging?

1.1 Cos'è il foraggiamento?

Il foraging è l'atto di cercare il cibo in natura, capire qual è e raccoglierlo. Si tratta di un'ampia gamma di piante, erbe, funghi e frutti che crescono naturalmente nell'ambiente che ci circonda, ma che non possono essere coltivati in un giardino.

In passato, il foraggiamento era una parte normale della vita e quasi tutti raccoglievano una mela dall'albero o delle more dalle siepi. Ogni casa utilizzava le cose che crescevano nelle vicinanze, che spesso erano selvatiche.

Con la crescita delle città, l'interesse per i cibi selvatici è diminuito. Poiché è possibile trovare tutto nei negozi, molte persone non hanno la possibilità di conoscere il modo in cui il cibo viene coltivato e da dove proviene.

Con l'aumento delle persone che si preoccupano dell'ambiente e dell'impronta di carbonio, nonché dei problemi dell'industria alimentare, molte persone sono tornate a sfruttare i benefici del foraging per il loro benessere e per riconnettersi con l'ambiente circostante.

Il foraging è un ottimo modo per avvicinarsi alla terra, godere della varietà di piante e animali che ci circondano e ottenere cibo fresco, sano e unico per i nostri pasti.

1.2 L'evoluzione del foraggiamento

Da migliaia di anni le persone si procurano il cibo con il foraging. Ma allora non c'erano molte altre opzioni. I primi abitanti della Terra si procuravano il cibo raccogliendo piante e frutti. Questo cibo proveniva dagli alberi e comprendeva bacche, funghi e verdure selvatiche. Con il tempo sono diventati bravi e sono riusciti a capire quali frutti e piante erano sicuri e quali pericolosi. Inoltre, dopo aver fatto molta pratica, impararono a capire cosa potevano trovare nelle diverse stagioni e a fare un uso migliore delle loro risorse fino a quel momento. Le persone di tutto il mondo hanno proposto le loro idee e i loro modi di fare, ma ciò che sappiamo è che le persone parlavano tra loro, imparavano l'una dall'altra e insegnavano ciò che sapevano alla generazione successiva.

Prima dell'invenzione dell'agricoltura, le persone che vivevano della terra avevano esigenze diverse per mantenersi in vita. Le persone vivevano spesso in edifici temporanei, si spostavano in piccoli gruppi e raramente parlavano con altre persone. Le diete si basavano sul luogo in cui si viveva e sulle situazioni in cui ci si trovava, ma erano sempre ben bilanciate per il periodo dell'anno. Man mano che l'agricoltura diventava uno standard, le persone iniziavano a stabilirsi in un luogo dove potevano costruire reti commerciali e società complesse e vivere la loro vita.

Ma questo non significava sempre una salute migliore perché, all'inizio, gli agricoltori potevano coltivare solo uno o al massimo due alimenti. Quindi, il numero crescente di persone non aveva lo stesso cibo sano delle persone che le avevano precedute. Allo stesso modo, il giardinaggio ha reso possibile l'allevamento di animali. Anche se erano una fonte di cibo per grandi gruppi di persone, i loro rifiuti causavano molte malattie e parassiti.

Molti scienziati ritengono che la caccia e la raccolta siano state una delle cose più importanti che ci hanno aiutato a diventare ciò che siamo oggi. Con l'alternarsi delle stagioni, diventava più difficile sopravvivere, quindi le persone dovevano spostarsi alla ricerca di altre fonti di cibo. Lo stile di vita errante ha fatto sì che le persone perdessero i capelli, avessero un intestino più piccolo, un cervello più grande e camminassero su due piedi. Il cambiamento più importante, però, fu la capacità di parlare tra loro. Possiamo quindi dire che la ricerca di cibo per rimanere in vita è stata la ragione principale della nostra evoluzione. Più di un milione di anni fa, questo ha portato l'uomo a controllare il fuoco e a cucinare carne e verdure. Questa è una delle cose più importanti che ci distingue dagli animali. Poiché il cibo cotto ci dava energia, il nostro stomaco ha iniziato ad accorciarsi e ora non dobbiamo nemmeno masticare tanto. Mangiare insieme ha portato all'idea di società e di dipendenza reciproca, che a sua volta ha portato alla creazione di città in futuro. Nel corso del tempo, le persone sono diventate più brave a cacciare e hanno creato nuove armi e strumenti. Lavorando insieme, hanno escogitato nuovi modi non solo per cacciare, ma anche per raccogliere cibo da luoghi lontani. Così, invece di ricevere una grande quantità di cibo, i gruppi di persone iniziarono a procurarsi singoli pezzi di cibo e a scambiarli. Quindi, non è necessario essere uno studioso per sapere che le persone hanno cacciato fin dall'inizio dei tempi. Molti di noi hanno visto film e immagini dell'età della pietra e dei cavernicoli, quindi non possiamo dire che non cercassero cibo da mangiare.

Man mano che la gente usciva dalle caverne e dai paesi per trasferirsi nei sobborghi e nelle città, ha lentamente dimenticato come cacciare e raccogliere il cibo. Anche se alla fine degli anni Settanta celebrità e personaggi importanti cercarono di dare una mano, la cosa funzionò solo per poco tempo, prima che la gente imparasse che bastava passare dal negozio per comprare funghi e fiori senza troppi problemi. Si può pensare che siamo negli anni '70, quando le persone stavano ancora imparando a usare la tecnologia.

Perché andare al negozio nel 2020 quando si può portare il negozio a casa propria? Anche se questo è ancora il caso quasi ovunque, ci sono alcuni segnali che potrebbero riportare il foraging nelle nostre vite. Tutti abbiamo sentito dire che i problemi moderni richiedono soluzioni moderne", ma le soluzioni moderne funzionano? Le persone, in tutti i settori della vita, stanno scoprendo modi per risparmiare, mentre i costi della vita salgono alle stelle. Le persone si spostano e cercano di risparmiare in tutti i modi possibili, come coltivare il proprio cibo e cercare di trovare di nuovo prodotti naturali.

1.3 Fondamenti del foraggiamento

Siate prudenti

Prima di maneggiare o mangiare una pianta, siate sicuri di saperla riconoscere. Sviluppate le vostre capacità partecipando a passeggiate guidate con un esperto, imparando i fondamenti della botanica e confrontando diverse opere di riferimento.

Riconoscere l'ambiente circostante

Imparate quanto più possibile sulla regione di foraggiamento. Quali sono le piante pericolose o a rischio di estinzione e quali gli alimenti abbondanti? Evitate le zone vicine a industrie, campi da golf, strade o luoghi in cui l'acqua o il suolo possono essere inquinati; i siti fuori sentiero, isolati dalle persone, sono spesso sicuri.

Raccolta etica

Per le limitazioni alla raccolta, controllate le normative locali sulla gestione del territorio. Raccogliete solo dove e quanto è consentito. Prendete solo quello che vi serve, lasciando spazio alla ricrescita e agli animali (in generale, non dovrebbe esserci più del 5% di una specie in una determinata area). In ambienti delicati come paludi, tundra o deserti, bisogna essere consapevoli della propria influenza. A differenza degli ecosistemi più delicati, le aree regolarmente disturbate (come i pascoli, i sentieri e i campeggi) sono punti di partenza adatti ai principianti.

Consumare erbacce

Cercate le aree infestanti dove prosperano molte piante alimentari. Una pianta sgradita che si diffonde rapidamente, soprattutto in ambienti danneggiati, viene definita erbaccia. È possibile consumare ortica, dente di leone e altre erbacce, e non è detto che le scorte si esauriscano se se ne mangiano abbastanza.

Muoversi lentamente

Quando si esce dai sentieri battuti alla ricerca della flora, bisogna avere cura della propria influenza. Viaggiate su superfici robuste come tronchi e rocce e fate attenzione a non calpestare altre piante. Non dimenticate mai di non lasciare tracce.

Riconoscere le tossine

Sapere quali piante si possono o non si possono consumare è altrettanto fondamentale che fare il contrario. Alcune piante tossiche provocano un'eruzione cutanea, mentre altre possono essere potenzialmente letali. Imparate a identificare le caratteristiche delle specie pericolose, soprattutto quelle che assomigliano a piante alimentari e terapeutiche.

1.4 I benefici del foraggiamento

I benefici del foraging sono molti e dedicare tempo e impegno a questa attività vi consentirà di sfruttarne appieno molti. Questi benefici includono:

Si può essere più vicini alla natura attraverso il foraging. Essere circondati da grandi edifici come abitanti delle città offre una notevole comodità per la vita contemporanea. Tuttavia, la vita urbana presenta degli svantaggi, come il disagio del traffico soffocante, la mancanza di aria fresca, le condizioni di vita anguste e altro ancora.

Un modo eccellente per utilizzare i poteri curativi della natura per purificarsi e rinnovarsi è quello di sfuggire talvolta a questo tipo di stile di vita. Lo si può fare con il foraging. In Nord America potrebbe non essere necessario lasciare il proprio alloggio per dedicarsi a un po' di foraging. Funghi e piante commestibili possono essere più vicini di quanto si creda.

Inoltre, trascorrere del tempo all'aperto significa fare un investimento nella propria salute sotto forma di un eccellente esercizio fisico all'aria aperta. Raccogliere alimenti sani e gratuiti, fare escursioni e passeggiate nei sentieri all'aperto è un ottimo metodo per soddisfare il proprio fabbisogno giornaliero di attività fisica.

Stare all'aperto ed esporsi al sole permette al corpo di avere il tempo necessario per aumentare le riserve di vitamina D in modo naturale. Questo è un altro vantaggio di stare all'aperto. Potreste avere la possibilità di eliminare un integratore falso dal vostro armadietto dei medicinali.

Disponibilità di alimenti liberi, biologici, sani, deliziosi e ricchi di sostanze nutritive Rispetto a quelli che si trovano sugli scaffali dei negozi, gli alimenti prelevati in natura offrono una quantità di sostanze nutritive e benessere nettamente superiore. Per esempio, rispetto agli spinaci o al cavolo riccio acquistati in negozio, le verdi e rigogliose foglie del dente di leone selvatico offrono una quantità di fitonutrienti molte volte superiore. Inoltre, è risaputo che le mele di granchio commestibili raccolte in natura sono più ricche di sostanze nutritive

Un tesoro commestibile

delle normali mele acquistate in drogheria.

Ci si rende anche conto che il foraging è completamente gratuito. Potete conservare il cibo che raccogliete a costo zero. Dovrete semplicemente investire tempo e fatica e sarete ampiamente ripagati con salute e piacere eccellenti. Ha senso andare a caccia di cose costose come pinoli, funghi finferli, ecc. perché il vostro tempo è costoso.

Non solo si ricevono componenti costosi a costo zero, ma si ha anche la possibilità di assaggiare sapori nuovi. Tutti conosciamo il sapore degli alimenti acquistati in negozio: dolce, salato, insipido o una combinazione di queste sensazioni. A causa della costante esposizione alle stesse sensazioni, i nostri recettori del gusto hanno perso la capacità di collegarsi a sapori nuovi.

Per esempio, la nostra lingua si è abituata a non sentire l'amaro. Abbiamo sviluppato la capacità di separare il sapore piacevole da quello sgradevole. Ma fin dall'alba dei tempi, la disintossicazione del nostro corpo è stata una pratica popolare che prevedeva l'uso di piante amare. Il dente di leone, per esempio, è un'erba amara con eccezionali vantaggi per la salute. Un ottimo metodo per aiutare i nostri sensi gustativi a collegare l'amaro con il piacevole è mangiare il dente di leone raccolto.

Inoltre, alcuni materiali, come alcuni funghi selvatici, non possono essere acquistati nei supermercati. È possibile sperimentare i sapori di alcuni funghi selvatici solo facendo foraging all'aperto. Il foraging, quindi, offre la possibilità di sperimentare sapori nuovi, particolari e inesplorati.

Partecipando a questa bella attività potrete rafforzare il vostro rapporto con la natura. La società moderna si sta distaccando sempre più dalla natura a causa dei progressi tecnologici e dell'interferenza troppo invadente dell'uomo nei cicli naturali per il comfort e il lusso. Dopo tutto, raccogliere i prodotti raccolti e puliti dagli scaffali dei negozi è molto più semplice.

Tuttavia, non possiamo assistere alla coltivazione, alla raccolta e alla consegna di questi ingredienti al supermercato di quartiere. Percepiamo solo il risultato che è conveniente per noi.

Si possono trovare prodotti non solo privi di sostanze chimiche e coltivati con metodi biologici, ma anche prodotti che sono stati coltivati utilizzando l'acqua piovana o altri tipi di acqua presenti in natura, grazie al foraging in natura. Poiché per raccogliere questi prodotti naturali non vengono utilizzati combustibili fossili di alcun tipo, il foraging in natura non lascia alcuna impronta di carbonio. Di conseguenza, si contribuisce attivamente e direttamente alla sostenibilità della natura.

Si può tornare in contatto con la natura attraverso il foraging. Potrete osservare e assaporare l'emozione di vedere erbacce come il dente di leone selvatico e i funghi prosperare nel loro habitat naturale. La bellezza della natura è esposta ai vostri occhi quando vedete sbocciare i vari frutti e fiori, e avrete un forte senso di connessione con la natura.

Stabilendo un rapporto con la natura e consentendo di apprezzare non solo la sua bellezza, ma anche la semplicità e la felicità della vita, il foraging aumenta il benessere di tutti. Quando ci si immerge nell'attività di foraging, si può sperimentare qualcosa di simile a un risveglio spirituale.

1.5 Preparazione dell'attrezzatura necessaria

Non è necessario un grande equipaggiamento per iniziare a fare foraging; molti di noi hanno un bel ricordo di quando raccoglievano le more con un semplice sacchetto di plastica! Per essere un po' più preparati, è possibile pensare ad alcuni accorgimenti, che sono trattati in modo più dettagliato in questa sezione.

Contenitori e cestini per il foraggiamento

Questi sono disponibili in diverse forme, tra cui i classici e attraenti cestini di vimini per la spesa, varianti con coperchio che possono essere tenute a tracolla e persino zaini specifici per il foraging. Tutti hanno una funzione simile: conservare in modo sicuro i vostri tesori inestimabili e allo stesso tempo far entrare l'aria nel contenitore per evitare l'appassimento precoce o la "sudorazione", che alcuni reperti, soprattutto i funghi, possono subire in assenza di ventilazione. Inoltre, le aperture nei cestini di vimini permettono a spore, semi e polline di cadere attraverso di essi, distribuendosi mentre si cammina e sostenendo il ciclo di sviluppo delle piante raccolte. Ovunque andiate a bottinare, porterete con voi un cesto tradizionale, quindi considerate quanto sarà facile gestire il cesto, il cane e i bambini - soprattutto se dovrete portarli in braccio - e, se vi interessa, anche la vostra credibilità!

Durante il foraging, è molto utile avere alcuni piccoli contenitori di plastica Tupperware con coperchio ermetico. Se, ad esempio, mentre camminate mettete nel vostro cestino degli splendidi lamponi maturi, questi rimbalzeranno, si ridurranno in poltiglia e macchieranno il resto degli oggetti nel cestino di un colore rosa brillante. Questo può essere evitato mettendo gli oggetti in un contenitore Tupperware che può essere chiuso a chiave. I contenitori Tupperware possono essere particolarmente utili per evitare che sapori forti come la menta acquatica o l'aglio selvatico contaminino gli alimenti raccolti. Arrivare a casa e scoprire che tutto ciò che si è portato ha un forte odore di aglio è la cosa peggiore. Conservare le cose puzzolenti separatamente dagli altri reperti in un contenitore Tupperware sigillato può evitare che ciò accada. Infine, se vi imbattete in qualcosa che non siete in grado di identificare subito e che volete portare a casa per ulteriori studi, una scatola Tupperware può servire come barriera di sicurezza essenziale. È molto meglio isolare quello strano fungo arancione che avete appena scoperto nel suo contenitore, a parte gli altri alimenti che volete consumare, per evitare qualsiasi malinteso o pericolo di contaminazione incrociata se si rivela pericoloso.

Le borse pieghevoli per il foraggiamento sono un modo eccellente per ridurre al minimo l'attrezzatura e sono molto utili se dovete portare con voi molti altri oggetti durante il foraggiamento. Questi piccoli e intelligenti gadget si agganciano alla cintura e si aprono per creare una piccola borsa in cui potete riporre le vostre scoperte lasciando le mani libere per altre cose.

Un coltello da foraggiamento o un paio di forbici

Per creare una spaccatura netta nel fusto di una pianta che si desidera raccogliere, è molto utile avere con sé un paio di forbici resistenti durante la raccolta. Noi usiamo spesso le forbici, soprattutto per le piante alte come l'erba salice di Rosebay e l'olmaria dal profumo paradisiaco, oltre che per le piante acquatiche come la menta acquatica che vogliamo raccogliere sopra la linea di galleggiamento. Poiché ci sono problemi di sicurezza, potrebbe essere meglio che la mamma o il papà si occupino di tagliare fino a quando i bambini non sono abbastanza grandi per gestirne un paio da soli.

L'uso di un coltello "da foraggio" o "da funghi" al posto delle forbici è una pratica molto comune. Si usano spesso per tagliare i gambi delle piante, le foglie e le punte dei fiori; i gambi fuori terra dei funghi (in modo da non danneggiare le sezioni sotterranee per la produzione dell'anno successivo); e per scavare le radici delle piante dal terreno, come il dente di leone. Questi strumenti specializzati sono utilizzati per pulire la sporcizia e i detriti dai cappelli dei funghi, dalle radici e da altre parti delle piante. Spesso sono dotati di una spazzola sull'impugnatura. Alcuni foraggiatori scelgono invece di utilizzare un piccolo coltello da tasca a lama fissa. Anche se questo strumento è molto utile, si tratta pur sempre di un coltello affilato, per cui è ragionevole pensare che molti genitori lo considerino improprio per l'uso nei pressi o addirittura da parte di bambini piccoli. Fortunatamente, un buon paio di forbici funziona altrettanto bene, quindi ci sono altre soluzioni, indipendentemente dalla vostra opinione.

Attrezzature per il giardinaggio

Un paio di guanti da giardinaggio leggeri può essere occasionalmente utile, soprattutto quando si raccolgono more, lamponi, pignole o ortiche o i loro semi. I vostri polpastrelli ne saranno entusiasti. Un ulteriore strumento necessario è una cazzuola se si intende rimuovere le radici.

Altre attrezzature di prelievo

Un raccoglitore di bacche scandinavo è molto utile se si vogliono raccogliere fianchi, falci o bacche difficili, soprattutto quelle piccole come i mirtilli. Questi strumenti intelligenti consentono di raccogliere rapidamente le bacche staccandole dai gambi e mettendole in un piccolo scomparto, lasciando rametti e foglie. Le bacche possono essere riposte in una scatola Tupperware o in un altro contenitore e conservate insieme agli altri tesori nel cestino.

Inoltre, i raccoglitori di mele allungabili possono essere molto utili, soprattutto per arrampicarsi sui rami alti degli alberi da frutto. Simili ai raccoglitori di bacche, sono spesso costituiti da un'asta lunga ed estensibile con una combinazione di "raccoglitore" e sacco a un'estremità. I raccoglitori raccolgono i frutti dal ramo e li conservano in modo sicuro in un sacco di tela o in una rete. In questo modo si evita che il frutto cada dall'albero e si danneggi. Sono strumenti molto utili da tenere nel bagagliaio dell'auto quando si passa davanti a un albero pieno di frutta matura e possono essere utilizzati anche per raccogliere altra frutta, come prugne, pere e limoni.

Manuali e libri da campo

Anche se può sembrare illogico, alcune piante e la maggior parte dei funghi non appaiono sempre uguali a se stessi. Le differenze tra due funghi porcini o galletti possono essere notate quando li si tiene in mano contemporaneamente. Sono possibili variazioni di colore, forma, dimensione e altezza. L'erba salice è abbastanza facile da riconoscere, ma senza le splendide punte di fiori viola in cima, si confondono rapidamente con le piante circostanti e diventano "foglie verdi". Sapete che aspetto hanno senza i loro caratteristici capolini?

Dobbiamo essere in grado di identificare le piante anche quando alcune delle loro caratteristiche principali, come i fiori, sono assenti, perché altrimenti non potremmo fare foraggio ogni volta, e credeteci, una volta che ci andrete, vorrete fare foraggio ogni volta. L'utilizzo di un libro è l'opzione più semplice. Quando si è in giro, avere a portata di mano una selezione di tascabili può garantire l'identificazione affidabile di ciò che si sta vedendo in caso di dubbi. Potete utilizzare libri più grandi e approfonditi che avete a casa per identificare i reperti non identificati che potreste aver portato con voi.

Applicazioni per il foraggiamento

Le app per l'identificazione di piante e funghi sono cresciute di popolarità dall'avvento dell'era digitale come mezzo per identificare il cibo selvatico commestibile. Il loro funzionamento è molto semplice: l'utente deve scattare una foto della pianta o del fungo in questione con lo smartphone, dopodiché l'applicazione cerca nel suo database e mostra un elenco di potenziali corrispondenze per un'identificazione valida. Sebbene questo possa sembrare il sogno di un cercatore che diventa realtà, queste applicazioni possono occasionalmente sbagliare, fornendo false identificazioni che possono sembrare arbitrarie. Se si mangia la scoperta sulla base di queste informazioni, le ripercussioni potrebbero essere catastrofiche. Questo non è di buon auspicio per un'identificazione positiva al 100%, che è sempre necessaria con gli alimenti selvatici. Queste applicazioni non sono sempre in grado di notare le caratteristiche minori che potrebbero essere necessarie per un'identificazione.

Il fatto che abbiamo una di queste app e che la usiamo

occasionalmente non implica che non debbano essere utilizzate; piuttosto, le usiamo sempre e solo come punto di partenza per un'identificazione. L'applicazione ci fornisce un elenco più limitato di alternative, che utilizziamo per condurre ulteriori ricerche utilizzando guide sul campo, libri e/o internet per confermarlo adeguatamente. Sono quindi utili da avere e, se si dispone di un segnale, possono tornare utili se ci si imbatte in qualcosa di mai visto prima.

1.6 Principi di foraggiamento

Molte persone si dedicano alla raccolta di funghi, cibo selvatico e piante medicinali come forma di svago. L'emozione di raccogliere il cibo dalla terra ci permette di riconnetterci con le nostre origini fondamentali e antiche e favorisce un rapporto più stretto con la natura. Ma come per ogni pratica derivata dalla natura, sono necessari equilibrio e responsabilità. Per raccogliere cibi selvatici in modo etico, responsabile e tale da incrementare le popolazioni di cibo selvatico anziché ridurle, le seguenti linee guida possono aiutare i foraggiatori e gli educatori di cibi selvatici.

Raccogliere in modo etico: Raccogliere dalla terra in modo etico e consapevole garantisce un raccolto sostenibile, preservando la disponibilità di cibi e medicinali selvatici per le generazioni presenti e future.

Portate con voi solo l'attrezzatura essenziale. Evitate di raccogliere troppo e prendete solo il necessario. Per evitare che il cibo e le medicine selvatiche vadano sprecati, trovate il modo di conservarli.

Raccogliere in modo da mantenere le persone in vita a lungo termine. Per evitare di danneggiare popolazioni di piante o piante specifiche, siate prudenti durante la raccolta e siate consapevoli di dove, quando e quanto state raccogliendo. Se dovete raccogliere le radici, fatelo solo in modo sostenibile e quando ci sono molte piante disponibili. Quando raccogliete un fungo, tenete presente che i funghi fungono da sistema riproduttivo; se li rimuovete tutti, il fungo non sarà in grado di procreare. Riconoscete, tuttavia, che alcune piante - quelle che si stanno espandendo e che mettono in pericolo le popolazioni di piante autoctone - dovrebbero essere raccolte il più possibile.

Raccogliere con gratitudine. Riconoscete il dono che la natura vi sta facendo. Siate grati per la pianta e per la possibilità di raccoglierne i frutti.

Cura della natura selvaggia: I nostri antenati sapevano che l'unico modo per assicurarsi un raccolto più abbondante e per nutrire le nostre terre in modo che possano nutrirci a loro volta, era stabilire un legame reciproco con la natura. Di conseguenza, l'inclusione di tecniche di cura della natura selvaggia e il mantenimento della stessa dovrebbero essere un'alternativa al foraggiamento.

Diffondere e coltivare la flora selvatica. Imparate a coltivare e curare le piante locali e invasive che raccogliete spesso. Raccogliete e disperdete i semi, dividete e seminate le radici, quindi trapiantate queste piante per creare nuove macchie selvatiche. Create nuove aree di piantagione per poterle raccogliere in seguito.

Concentrate la vostra attenzione sulle piante in pericolo. Concentrate i vostri sforzi per aiutare a coltivare le specie vegetali che rischiano di estinguersi (a causa della raccolta eccessiva, della distruzione dell'habitat, ecc.) Questo potrebbe significare che dovreste aspettare a raccogliere alcune popolazioni di piante fino a quando non si sarà creata una popolazione più stabile.

Trovare un equilibrio tra la cura della natura e il foraggiamento: Cercate di trovare un equilibrio tra le vostre tecniche di foraggiamento e di cura della natura, sia in termini di coltivazione di popolazioni di piante più specializzate, sia in termini di lavoro ecologico e di conservazione più generale, come la conservazione di aree selvatiche, l'impianto di nuove colture, la partecipazione all'attivismo politico o la collaborazione con organizzazioni di conservazione.

Aumentate le vostre conoscenze Imparate a conoscere le piante che state raccogliendo, comprese le loro abitudini di crescita, i processi ecologici e le popolazioni locali di piante.

Diventare più informati sulle piante e sull'ambiente. Riconoscete che per imparare tutto quello che c'è da sapere sulle piante ci vorrà una vita intera. Più informazioni si hanno, più se ne può fare uso nella pratica del foraging e della cura delle piante selvatiche. Imparate a conoscere il funzionamento delle piante nell'ambiente leggendo libri, partecipando a seminari e scoprendo dove crescono. Come si espandono? Quali animali e insetti si affidano a loro? Quali piante sono disponibili per un raccolto illimitato? Scoprite alcune piante per iniziare e poi espandetevi da lì.

Osservare e impegnarsi. Non affidatevi solo alle conoscenze contenute nei libri, ma uscite all'aperto, osservate e confrontatevi con l'ambiente circostante. Siate consapevoli che le popolazioni di piante e funghi nella vostra regione possono essere molto diverse da quelle di cui avete letto. Siate più consapevoli delle vostre interazioni, essendo coscienti di ciò che accade proprio nei luoghi in cui passate il tempo.

Interagire, imparare e condividere. Trovate occasioni per entrare in contatto con persone che la pensano come voi, in modo da poter crescere e condividere informazioni. Possiamo fare di più come gruppo che come singoli individui. Possiamo fare più bene nel mondo se condividiamo ampiamente questi valori e le tecniche di foraggiamento etico.

Capitolo 2:
Il viaggio

Dopo aver appreso le nozioni di base sul foraging e aver preparato tutto l'equipaggiamento necessario, Jordan ha iniziato il suo viaggio di 7 giorni.

La ricerca di Jordan non solo lo catapulta in un mondo fino ad allora sconosciuto, ma lo convince anche ad avvalersi dell'aiuto di una guida esperta che possa condurlo con sicurezza alla scoperta di paesaggi e cibi a lui sconosciuti. In questo modo, il viaggio sarà molto più facile da portare a termine ed egli potrà vincere la sua scommessa. D'ora in poi, la lettura descriverà, alla maniera di Jordan, scenari, sensazioni e scoperte che possono essere facilmente vissute da tutti, basta il desiderio di partire per una piacevole avventura alla scoperta del mondo e dei suoi tesori.

2.1 Giorno 1

Jordan ha iniziato il viaggio da una tranquilla foresta e si è diretto verso il paradiso delle bacche. Ha attraversato boschi di betulle e prati erbosi e ha raccolto una varietà di bacche per farne una gustosa insalata. Le bacche raccolte erano ricche di sostanze nutritive e di seguito vengono fornite brevi informazioni su di esse insieme alla ricetta dell'insalata.

Le bacche sono abbondanti in natura. Sono ricchi di sostanze nutritive e contengono potenti sostanze chimiche vegetali, e i frutti di bosco possono crescere in una varietà di condizioni. I frutti di bosco sono altamente adattabili e possono essere consumati in vari modi, anche se possono essere piuttosto aspri.

Bacche di sambuco

I frutti di diverse specie di Sambucus sono le bacche di sambuco. I climi dell'emisfero settentrionale, da temperati a subtropicali, sono ideali per queste piante. I frutti sono solitamente di colore nero-bluastro, nero o viola e crescono in piccoli grappoli. La variante Sambucus nigra L. ssp. canadensis è la più popolare, mentre le bacche di diverse specie di Sambucus sono commestibili.

È essenziale ricordare che le bacche di sambuco devono essere cotte per distruggere i componenti alcaloidi che, se consumati crudi, potrebbero dare la nausea. Per il loro sapore aspro e acidulo, le bacche di sambuco vengono spesso bollite e addolcite per produrre succhi, marmellate, chutney e vino di sambuco.

Queste bacche sono una fantastica fonte di vitamina C. Sebbene abbia molte funzioni importanti per l'organismo, la vitamina C è fondamentale soprattutto per il sistema immunitario. Le bacche di sambuco contengono molta vitamina B6, che aiuta il sistema immunitario.

Le bacche di sambuco e i preparati a base di sambuco sono molto utili per migliorare la funzione immunitaria grazie alla loro composizione nutrizionale.

Huckleberry

Un tesoro commestibile

Le bacche di diverse specie vegetali appartenenti ai generi Gaylussacia e Vaccinium sono note come huckleberries in Nord America.

I mirtilli selvatici si trovano nell'America nord-occidentale in foreste, boschi, paludi e bacini lacustri. Queste bacche sono di piccole dimensioni e sono di colore blu, rosso o nero.

Le bacche mature sono piuttosto dolci con una punta di acidità. Anche se possono essere consumate direttamente, vengono spesso trasformate in bevande salate, marmellate, insalate, budini, dolci, sciroppi e altre prelibatezze.

Gli antociani e i polifenoli, due potenti antiossidanti, sono abbondanti nelle bacche di huckleberry. Esse contengono una quantità maggiore di queste sostanze benefiche rispetto a frutti come i mirtilli, che sono ricchi di antiossidanti.

Gelsi

La famiglia delle Moraceae comprende un gruppo di piante conosciute come gelsi (Morus). Sia l'emisfero meridionale che quello settentrionale presentano climi da moderati a subtropicali in cui possono prosperare. I gelsi crescono a grappolo perché hanno numerosi frutti.

Le bacche sono generalmente di colore viola scuro o nero. Alcune specie sono disponibili in varietà rosse o bianche. Le more di gelso possono essere consumate fresche, in insalate, torte, cordiali e tisane. Sono succose e deliziose. Sono ricche di vitamina C e di una discreta quantità di magnesio, potassio e vitamine del gruppo B.

Lamponi e lamponi neri

Due dei lamponi autoctoni presenti in Nord America sono facili da riconoscere e offrono un sapore che piacerà sia ai bambini che agli adulti.

Entrambe le specie di lampone sono sostenute da canne legnose che producono fiori e frutti solo nel secondo anno di crescita. I rami del lampone rosso sono eretti piuttosto che arcuati, di colore verde chiaro o marrone e ricoperti di spine. I fiori bianchi a cinque petali dei lamponi sono circondati da tre o sette foglie ovali seghettate. Le canne del lampone nero sono anch'esse spinose, ma sono sensibilmente arcuate e ricoperte da una fioritura polverosa di colore blu-verdastro che viene facilmente rimossa. I fiori bianchi a cinque petali hanno sepali molto più grandi al centro e le foglie hanno da tre a cinque foglioline doppiamente dentate con la parte inferiore bianca. Le bacche sono frutti composti di aggregazione, il che significa che diverse drupelette sono unite insieme e che ogni globulo contiene un singolo, piccolo seme duro e commestibile. Il nocciolo bianco, una volta maturo e rimosso, rimane intatto sul calice, lasciando la bacca vuota. I lamponi neri devono essere colti solo quando sono completamente neri, a differenza dei lamponi rossi, che maturano in rosso. Nessun frutto che assomigli ai lamponi o ai lamponi neri è dannoso.

Sia il lampone che il lampone nero hanno bisogno di sole pieno o parziale per fiorire e lo fanno spesso lungo i bordi dei campi, sui pendii, lungo le autostrade e vicino a fonti d'acqua dolce. Entrambe le specie sono originarie del Nord America; il lampone nero si trova solo nei due terzi orientali del continente, mentre il lampone può essere trovato in tutto il continente. Poiché gli uccelli diffondono ampiamente i loro semi, la raccolta delle bacche non danneggia le piante. Quando le canne arcuate toccano la terra e mettono radici, le piante possono anche riprodursi.

Questi gioielli vengono spesso consumati freschi nello yogurt, nelle insalate o nei frullati mattutini, ma possono anche essere conservati in marmellate o gelatine per mantenere il loro sapore estivo. Utilizzateli in dolci invitanti come fareste con i lamponi acquistati in negozio, ma sentitevi bene sapendo di aver risparmiato denaro evitando di acquistare la frutta in negozio. Entrambi i frutti di bosco sono ricchi di fibre e vitamina C. Inoltre, i lamponi neri maturi sono ricchi di antiossidanti chiamati antociani. Sia gli adulti che i bambini amano i lamponi, soprattutto quelli neri, quindi passare il pomeriggio a raccoglierli in un campo di bacche selvatiche è un buon uso del tempo.

Fragole

Le fragole selvatiche sono piante erbacee perenni a bassa crescita che assomigliano molto alle piante di fragole coltivate. Le foglie sono composte da tre fogliolinee seghettate di 1-3 pollici di lunghezza, normalmente ricoperte di piccoli peli nella parte inferiore. I fiori, che hanno cinque petali bianchi e molti stami gialli al centro, sono prodotti in grappoli sciolti da due a dieci su steli pelosi che emergono dal terreno. I frutti si sviluppano e diventano cremisi in circa cinque settimane dalla fecondazione. Quando viene raccolto, il frutto maturo è a forma di cuore e spesso ha ancora il calice e il gambo attaccati. I

Un tesoro commestibile

semi commestibili della fragola selvatica della Virginia, che è più piccola, sono schiacciati nella polpa della bacca invece di rimanere in superficie come quelli della fragola di bosco. Quando sono mature, entrambe le varietà sono di colore cremisi. Attenzione ai sosia: La fragola finta è una bacca diversa che imita da vicino le fragole di bosco. I fiori della fragola finta hanno petali gialli, la polpa è bianca e spugnosa e i semi si trovano all'esterno della polpa, come nella fragola di bosco. La bacca è praticamente commestibile, ma non ha un sapore percepibile.

Originaria del Nord America, la fragola di bosco è diffusa nelle regioni temperate. Solo il profondo Sud, le regioni aride e l'Alaska sono prive della fragola di bosco, che è presente in tutti gli Stati Uniti continentali e in tutto il Canada. Cresce spesso in prossimità di strade rurali o sterrate, lungo i ruscelli, i campi e i prati e in luoghi disturbati. Apprezza i terreni ben drenati, in pieno sole o in leggera ombra. Per la disseminazione vengono utilizzati sia i rizomi sotterranei squamosi che quelli orizzontali. Poiché crescono spesso in grandi macchie, la raccolta di fragole selvatiche non influisce sulla popolazione. Sono adorate dagli uccelli, che contribuiscono a disperdere i loro semi.

Poiché sono così piccole, è difficile per la maggior parte degli adulti raccogliere abbastanza fragole selvatiche per le ricette; ci vuole molta perseveranza e una grande distesa di bacche per raccogliere abbastanza per marmellate, insalate, pelle di frutta, purea di salse o frittelle. I bambini possono divertirsi molto a cacciare e mangiare i frutti di bosco, divertendosi all'aria aperta e creando fantastici ricordi estivi.

Ecco un'idea semplice per gustare le bacche che Jordan ha trovato durante la giornata

Insalata di frutta ai frutti di bosco
Tempo di preparazione: 5 minuti
Tempo di cottura: 0 min.

Ingredienti:
- 2 tazze di fragole
- 1 tazza di lamponi
- 1 tazza di more
- 1 tazza di bacche di sambuco
- 2 cucchiai di miele
- Scorza di lime , se desiderata
- 1 cucchiaio di succo di lime

Istruzioni:
Unire la frutta in una ciotola e aggiungere miele, succo di lime e scorza di lime. Mescolare e servire.

Insalata estiva di frutti di bosco
Tempo di preparazione: 5 minuti
Tempo di cottura: 0 min.

Ingredienti:
- 10 oz. di verdure novelle
- 1 tazza di fragole fresche, tagliate in quarti
- 1 tazza di bacche di sambuco fresche
- 1 tazza di noci candite
- ½ tazza di formaggio feta sbriciolato
- Condimento vinaigrette al balsamico bianco

Istruzioni:

Unire la frutta in una ciotola e aggiungere il condimento vinaigrette, le noci e il formaggio feta. Mescolare e servire.

2.2 Giorno 2

Il secondo giorno Jordan ha esplorato una foresta di pini profumati, ha attraversato un ruscello gorgogliante e ha raccolto una varietà di radici selvatiche per farne una gustosa zuppa. Le radici selvatiche raccolte erano ricche di sostanze nutritive e di seguito vengono fornite brevi informazioni su di esse insieme alla ricetta della zuppa.

Bardana

La bardana è una grossa radice a fittone di colore bianco crema con un rivestimento marrone simile a una corteccia che si sviluppa in una pianta erbacea biennale che si sviluppa in una rosetta basale. Le foglie della bardana del primo anno hanno un bordo arruffato, sono lunghe fino a 28 pollici, hanno una forma di cuore allungata, sono leggermente lanose nella parte inferiore e sono piuttosto ruvide e grintose. Inoltre, crescono direttamente dalla radice a fittone su lunghi steli. La bardana maggiore ha steli fogliari robusti, mentre la bardana comune li ha cavi. Il gambo del fiore, che la bardana crea al secondo anno, emerge dal centro della rosetta basale. Il gambo dei fiori può raggiungere un'altezza compresa tra i 2 e i 9 piedi, con foglie alterne e filiformi, foglie più piccole e lunghi steli di fiori che si diramano da esso. I fiori hanno un colore che va dal rosa scuro al viola e sono composti da numerosi fiorellini e brattee uncinate. Quando le brattee si seccano, formano una bava sferica che si impiglia nei vestiti.

Originaria dell'Europa, la bardana si è diffusa naturalmente in gran parte del Nord America. Predilige terreni ricchi di azoto, parzialmente soleggiati o soleggiati. La bardana può essere trovata in giardini, fattorie, cortili, spazi liberi, cumuli di compost e terreni disturbati. A causa dell'elevato numero di semi generati dalla bardana, la raccolta delle radici o degli steli floreali delle piante del primo anno non avrà un impatto sulle popolazioni complessive. Tuttavia, si può pensare di lasciare che alcune piante del primo anno si sviluppino in modo da produrre un gambo di fiori l'anno successivo.

La radice di bardana è adorata in Giappone, dove viene coltivata come ortaggio chiamato gobo. Anche le radici di bardana lunghe, sottili e non ramificate si possono trovare occasionalmente nei negozi asiatici di quartiere. Il sapore della bardana selvatica è un po' più dolce e più ricco di nocciole rispetto a quello della bardana coltivata. La radice di bardana affettata può essere utilizzata in zuppe e stufati, verdure saltate in padella o anche patate cotte e schiacciate. Noi usiamo le radici leggermente bollite per creare sottaceti da frigorifero e schiacciamo le radici cotte in una pasta per fare patatine senza glutine. Una componente vegetale più delicata della pianta di bardana è costituita dai gambi dei fiori. Il gambo del fiore deve essere sbucciato, ma la buccia cade in sezioni piuttosto grandi e filanti, lasciando al suo posto il nucleo delicato e verde chiaro. Il sapore è quello dei carciofi se cotti leggermente al vapore o per cinque minuti in acqua. Li consumiamo semplicemente, ripiegati nel sushi vegetariano, con un po' di sale e burro, oppure aggiungiamo i gambi dei fiori tritati a casseruole o riso pilaf. La radice di bardana contiene alti livelli di vitamine B, C ed E, carboidrati, potassio e manganese.

Aglio di campo

L'aglio di campo, che cresce spontaneamente nel vostro giardino, è un ingrediente eccellente e gratuito per molti piatti. I bambini mangeranno volentieri questa "erba cipolla", che possono riconoscere dal suo caratteristico profumo.

L'aglio di campo perenne ha foglie che possono crescere fino a un metro e mezzo di altezza e sono inizialmente fragili, tubi cavi che con l'età diventano leggermente rigati e più duri. L'aglio di campo cresce spesso in gruppi massicci con diverse foglie e bulbi. Con un unico capolino sferico a forma di ombrello con numerosi fiori viola chiaro a sei petali, lo stelo floreale è alto, rigido e sottile.

Il fusto può occasionalmente produrre un grappolo globoso di piccole pallottole bianco-verdastre al posto dei fiori, che cadranno a terra e faranno germogliare nuove piante in autunno. Il bulbo sotterraneo assomiglia a numerosi piccoli spicchi separati di aglio coltivato che hanno un guscio esterno di carta. Va notato che tutti i componenti dell'aglio di campo sono commestibili e che per un'identificazione accurata devono avere un profumo di aglio e cipolla.

L'aglio di campo è una pianta originaria dell'Europa e oggi considerata invasiva in Nord America. Si può trovare negli Stati Uniti orientali, in Canada e dall'Alaska alla costa occidentale della California. Cresce nei prati, nei terreni disturbati, nei cortili, nei campi aperti e, occasionalmente, in gruppi nei boschi aperti. Ama la luce piena. Lo scavo dei bulbi per la ricerca di cibo non avrà un impatto sulla popolazione totale del parassita.

Le foglie fresche e delicate possono essere tagliate a dadini grossolani e utilizzate nei piatti in modo simile all'erba cipollina. Alcune foglie vengono tritate e disidratate per poterle utilizzare nei piatti tutto l'anno. Di tanto in tanto le foglie essiccate vengono polverizzate per insaporire pasta, brodo vegetale, zuppe e pane. Le dita dei bambini più piccoli non avranno problemi a sbucciare i piccoli spicchi dai bulbi; in alternativa, potete usare una pressa per aglio per spremere la carne dalle bucce. Noi estraiamo alcuni dei bulbi più piccoli e li mangiamo interi, grigliati con un po' di sale e olio d'oliva. Sono una deliziosa guarnizione per panini e cereali e, caramellandosi, diventano più dolci. Gli attraenti fiori viola possono essere aggiunti alle insalate per un sottile sapore di cipolla.

Schiacciamo con cura i piccoli bulbi e li mettiamo in infusione con aceto o oli per creare prodotti saporiti. Una famiglia di foraggiatori esperti accetta l'esistenza dell'aglio di campo come cibo, mentre alcune persone lo considerano un'erbaccia e usano prodotti chimici sui loro prati per cercare di distruggerlo.

Alla fine della giornata, dopo aver appreso i tesori recuperati nella sua ricerca con l'aiuto della guida, Jordan ha potuto gustare i suoi cibi selvatici grazie a una ricetta semplice e gustosa.

Zuppa di bardana
Tempo di preparazione: 5 minuti

Un tesoro commestibile

Tempo di cottura: 5 minuti

Ingredienti:

    -2 tazze di bardana, pelata e affettata

    -2 cucchiai di succo di limone o aceto

    -1 quarto di acqua

-Un pizzico di pepe di timo

Istruzioni:

-Mettere la bardana in una pentola di medie dimensioni e coprirla con 2 tazze d'acqua. Portare a ebollizione e cuocere per 5 minuti a fuoco basso. Scolare.

-Aggiungere le ultime 2 tazze d'acqua, il timo, il pepe e i semi. Portare a ebollizione e cuocere per 5 minuti a fuoco basso. Aggiungere aceto o succo di limone a piacere e servire caldo.

Zuppa di bardana e aglio

Tempo di preparazione: 5 minuti

Tempo di cottura: 2 ore

Ingredienti

    -1 tazza di aglio di campo lavato

    -2 tazze di bardana, pelata e affettata

    -1 cipolla grande, affettata

-4 tazze di brodo

-Primula , o filaria

-½ cucchiaino di semi di pizzo della regina Anna

    -1 cucchiaino di foglie di timo essiccate

Istruzioni:

-Mettere tutto in una pentola a cottura lenta e aggiungere acqua a sufficienza per coprire. Cuocere a fuoco lento per 2 ore e servire.

2.3 Giorno 3

Il terzo giorno Jordan ha camminato lungo un sentiero costeggiato da aceri e ha attraversato un prato di margherite. Ha raccolto una varietà di erbe selvatiche per farne una gustosa insalata. Le erbe selvatiche raccolte erano ricche di sostanze nutritive e, di seguito, vengono fornite brevi informazioni su di esse e la ricetta dell'insalata di erbe.

1. Tarassaco (Taraxacum officinale)

Il dente di leone è un'erba perenne, facilmente riconoscibile per i suoi fiori gialli brillanti che maturano in teste di semi eterei, noti per esaudire i desideri di coloro che li soffiano via. Le sue foglie sono profondamente dentate, da cui deriva il suo nome in francese, "dent-de-lion", che significa "dente di leone". Queste piante resistenti possono prosperare in una varietà di condizioni, a testimonianza della loro adattabilità e forza. L'umile dente di leone, spesso considerato una semplice erbaccia, è una riserva di nutrimento e di storia. Con foglie che sussurrano storie di ringiovanimento e radici profonde nella tradizione medicinale, questa pianta è un caro emblema di resilienza. Ogni parte del tarassaco è commestibile. Le foglie giovani, tenere e leggermente amare, sono un'aggiunta nutriente alle insalate. Le radici, una volta arrostite, offrono un sapore robusto e terroso, che serve come sostituto del caffè. I fiori dorati, baciati dal sole, sono utilizzati per produrre il vino di tarassaco, una bevanda che celebra il rinnovamento della primavera.

2. Cicoria (Cichorium intybus)

La cicoria si erge alta con steli rigidi e ramificati, ornati da suggestivi fiori blu che si aprono e si chiudono con l'abbraccio del sole. Le sue foglie sono lanceolate e leggermente pelose e formano una rosetta basale al suolo. Le radici della cicoria scavano in profondità nella terra, incarnando la natura duratura della pianta e la sua capacità di scoprire profondità nascoste. La cicoria, con i suoi fiori azzurri che si protendono verso il cielo, è il simbolo di un amore imperituro per la natura. La sua storia è ricca di applicazioni culinarie e medicinali, venerata per la sua forza e adattabilità. Le foglie della cicoria, conosciute come indivia, conferiscono un sapore amaro ma avvincente a insalate e piatti. Le radici, se essiccate e tostate, sono famose per ampliare o sostituire il caffè, offrendo una nota di legno e di conforto a ogni sorso.

3. Piantaggine (Plantago major)

La piantaggine, che spesso si trova sotto i piedi, ha foglie larghe e ovali che formano una rosetta basale. I suoi fiori sono modesti e coronano spighe sottili che si ergono dal centro della rosetta. L'aspetto modesto di questa pianta nasconde il suo passato ricco di storia e le sue capacità medicinali, essendo un balsamo della natura per molti disturbi. Da non confondere con il frutto dal nome simile, la piantaggine è una testimonianza dell'abbraccio curativo della natura. Le sue foglie larghe raccontano storie antiche, utilizzate da cavalieri e viaggiatori per lenire ferite e disturbi. Le foglie giovani della piantaggine sono commestibili crude e aggiungono un sapore leggermente amaro e terroso alle insalate. Quando sono cotte, offrono un accompagnamento confortante, simile a quello degli spinaci, ai pasti. Anche i semi sono commestibili e spesso vengono utilizzati come sostituto del foraggio o dello psillio.

4. Amaranto (Amaranthus spp.)

L'amaranto, con i suoi fiori vibranti e simili a nappe, ha tonalità che vanno dal cremisi al dorato. Le sue foglie, spesso appuntite e variegate, aumentano il fascino visivo della pianta. La capacità dell'amaranto di prosperare anche in condizioni avverse è indice della sua immortalità simbolica, in quanto offre sostentamento e bellezza in egual misura. L'amaranto, simbolo di immortalità e bellezza duratura, vanta fiori e foglie vibranti che si rifiutano di svanire. Stimato dalle civiltà antiche, continua a essere una fonte di sostentamento e di meraviglia. Sia le foglie che i semi dell'amaranto sono altamente nutritivi. Le foglie possono essere cotte o mangiate crude, con un sapore simile a quello degli spinaci, mentre i semi, simili a un cereale, sono privi di glutine e possono essere cotti o fatti scoppiare come popcorn.

5. Portulaca (Portulaca oleracea)

La portulaca è un'erba succulenta che si propaga con foglie carnose e ovali e steli che possono avere una tonalità rossastra. I suoi fiori gialli, piccoli ma vivaci, sbocciano dall'abbraccio delle foglie. Questa pianta incarna la resilienza, prosperando in terreni caldi e secchi dove altre potrebbero vacillare. La portulaca, con le sue foglie e i suoi steli succulenti, è una testimonianza di resilienza e abbondanza. Apprezzata da molte culture per i suoi benefici per la salute, prospera nelle avversità, un vero gioiello del giardino. La portulaca è famosa per il suo gusto frizzante e limonoso. Le sue foglie e i suoi steli sono deliziosi in insalata o come verdura cotta, offrendo una fonte di acidi grassi omega-3 raramente presenti nelle piante.

6. Acetosella (Oxalis spp.)

L'acetosa affascina con le sue delicate foglie trifogliate, che ricordano il trifoglio, e con i suoi piccoli fiori che vanno dal bianco al rosa al giallo. Questa erba tende a prediligere luoghi ombrosi e umidi, danzando leggermente alla luce del sole dei boschi e dei giardini incantati. L'acetosa, spesso scambiata per trifoglio, si distingue per le sue foglie a forma di cuore e i suoi fiori delicati. Simbolo di gioia e affetto, abbellisce la natura selvaggia e i giardini con la sua presenza. Le foglie, i fiori e gli steli dell'acetosa sono commestibili e hanno un sapore aspro e limonoso. Sono un'aggiunta rinfrescante a insalate e bevande e ricordano la bellezza fugace della natura.

7. Asparagi (Asparagus officinalis)

L'asparago emerge dal terreno sotto forma di germogli simili a lance, che si protendono verso l'alto con una grazia tenera ma vigorosa. La sua forma matura è caratterizzata da un fogliame piumoso, che crea uno spruzzo fine e verdeggiante. Questa pianta segna l'arrivo della primavera, una punta di diamante del risveglio del giardino. L'asparago, araldo della primavera, emerge con la dignità di un aristocratico esperto. Stimato fin dall'antichità per le sue proprietà culinarie e medicinali, si erge alto, testimonianza di rinnovamento e vitalità. I teneri germogli degli asparagi sono una prelibatezza, assaporati per il loro gusto succulento e leggermente dolce. Da gustare al vapore o alla griglia, rappresentano l'essenza della primavera.

8. Trifoglio (Trifolium spp.)

Il trifoglio, con le sue foglie trifogliate spesso portatrici di un quarto "fortunato", ricopre la terra di verde lussureggiante. I suoi fiori, riuniti in capolini compatti, variano di colore dal bianco al rosa al viola, attirando api ed esseri umani con il loro dolce profumo e la promessa di prosperità. Il trifoglio, con le sue foglie trifogliate e i suoi fiori profumati, è un simbolo di abbondanza e fortuna. Ricopre prati e campi, un umile ma potente emblema di prosperità. Le foglie e i fiori del trifoglio sono commestibili e i fiori aggiungono un sapore dolce ed erbaceo a tè e prodotti da forno. Le foglie possono essere consumate crude o cotte, a testimonianza dello spirito generoso della pianta.

9. Bardana (Arctium lappa)

La bardana è una robusta biennale, caratterizzata da grandi foglie a forma di cuore con un sottopelo lanoso. I suoi fiori, racchiusi in bave pungenti che si aggrappano ai passanti, sono una meraviglia del disegno della natura, che assicura la diffusione dei suoi semi in lungo e in largo. Le profonde radici della pianta, sia letterali che metaforiche, si addentrano nella tradizione medicinale dei secoli passati. La bardana, con le sue robuste radici che affondano nella terra, è un faro di forza e perseveranza. Apprezzata per le sue proprietà depurative, è un guardiano della salute e della vitalità. Le radici della bardana, terrose e dolci, vengono consumate come verdura, spesso saltate in padella o stufate. Anche i giovani germogli e le foglie possono essere consumati, offrendo un sapore unico e leggermente amaro che ricorda quello dei cuori di carciofo.

Un tesoro commestibile

Jordan, dopo aver trascorso una splendida giornata nella natura, riceve da un cuoco esperto le 3 ricette che animeranno la serata con i deliziosi prodotti trovati in natura

1. Insalata del giardino incantato con tarassaco e portulaca

Ingredienti:

Una manciata di foglie giovani di tarassaco, tenere e lavate
Un bel po' di portulaca, foglie e gambi, lavata
Foglie fresche di spinaci baby, come sfondo verdeggiante
Fiori commestibili per guarnire (come violette o nasturzi)
Una spolverata di pinoli tostati
Per il condimento:
Il succo di un limone, baciato dal sole
Olio extravergine di oliva, in egual misura al succo di limone
Un sussurro di miele, a piacere
Un pizzico di sale e un pizzico di pepe nero, per condire

Istruzioni:

In una grande ciotola, unire le foglie di tarassaco, la portulaca e gli spinaci novelli. Queste verdure, ognuna con la propria storia, si uniscono in un mix armonioso.

Frullate insieme il succo di limone, l'olio d'oliva, il miele, il sale e il pepe, ottenendo un condimento che canta di semplicità ed eleganza.

Versare il condimento sulle verdure, mescolando delicatamente per ricoprire ogni foglia con il sole liquido.

Cospargere i pinoli tostati sull'insalata, aggiungendo una nota di dolcezza terrosa.

Guarnite con fiori commestibili, una festa visiva che richiama l'incanto di un giardino fiorito.

Servite questa insalata, una celebrazione dell'abbondanza della natura e della sottile arte del foraging.

2. Ciotola di cereali rustica con cicoria e amaranto

Ingredienti:

1 tazza di chicchi di amaranto, un tesoro del mondo antico
Una manciata di foglie di cicoria, tagliate a bocconcini
Verdure arrostite (come barbabietole, carote e patate dolci)
Una manciata di ceci arrostiti, per dare croccantezza e calore
Per il condimento:
2 cucchiai di aceto balsamico
4 cucchiai di olio d'oliva
Un cucchiaino di senape di Digione
Sale e pepe, a piacere

Istruzioni:

Cuocere i chicchi di amaranto secondo le istruzioni della confezione, finché non sono teneri e hanno assorbito l'acqua, trasformandosi in una consistenza simile al porridge.

Mentre l'amaranto cuoce, arrostite le verdure e i ceci scelti fino a quando non saranno caramellati e fragranti.

Preparare il condimento sbattendo insieme l'aceto balsamico, l'olio d'oliva, la senape di Digione, il sale e il pepe.

In una ciotola, disporre l'amaranto cotto come base, quindi aggiungere le foglie di cicoria strappate, le verdure arrostite e i ceci.

Versate il condimento sulla ciotola, lasciando che i sapori si fondano in una deliziosa confluenza.

Servite questa ciotola di cereali come un'abbondante testimonianza della generosità della terra, che nutre e soddisfa a ogni cucchiaiata.

3. Tisana della tranquillità con acetosa e trifoglio

Ingredienti:

Una piccola manciata di foglie e fiori di acetosella

Alcuni fiori di trifoglio, sia rossi che bianchi, per dare dolcezza e profondità

Facoltativo: un rametto di menta o di melissa, per una nota rinfrescante.

Acqua bollente, come mezzo di trasformazione

Istruzioni:

Sciacquate delicatamente l'acetosa e i fiori di trifoglio sotto l'acqua fresca, sussurrando gratitudine per le loro virtù curative.

Mettere le erbe e la menta o la melissa facoltativa in una teiera.

Versare l'acqua bollente sulle erbe, per estrarne l'essenza e i colori in un infuso rilassante.

Lasciare in infusione il tè per 5-7 minuti, una breve pausa in cui la magia si manifesta.

Filtrare il tè nelle tazze, inalando gli aromi delicati che si sprigionano con il vapore.

Sorseggiate lentamente, lasciando che le proprietà tranquillizzanti del tè calmino lo spirito e ringiovaniscano i sensi.

In queste ricette non vediamo solo l'alchimia della cucina, ma anche il riaccendersi del nostro legame con la terra e la sua infinita generosità. Che i vostri sforzi culinari siano nutrienti e illuminanti, un viaggio attraverso i sapori e le storie della natura.

2.4 Giorno 4

Il giorno 4 Jordan ha esplorato una foresta di faggi attraversando un'ampia radura soleggiata e ha raccolto una varietà di funghi selvatici per farne una gustosa pasta. I funghi selvatici raccolti erano ricchi di sostanze nutritive e di seguito vengono fornite brevi informazioni su di essi insieme alla ricetta della pasta.

Funghi a palla

Il fungo più semplice da riconoscere è probabilmente il bignè. Per questo motivo, sono considerati uno dei "quattro infallibili", un insieme di funghi selvatici semplici da riconoscere e che non hanno molte controparti dannose. Si possono trovare in dimensioni che vanno da una palla da baseball a una palla da basket. All'esterno, le specie immature di altri funghi assomigliano a volte a delle palle di fuoco, ma si può verificare aprendole. Si tratta di un bignè se la carne è completamente solida da un'estremità all'altra. È qualcosa di diverso se c'è un qualsiasi tipo di sezione cava, gambo o cappello.

I bignè crescono da marzo a ottobre. Come altri funghi, la loro comparsa è più probabile dopo un breve periodo di pioggia e di clima mite o caldo. In autunno è possibile trovare i puffballs nelle stesse aree che si trovano in primavera o in estate.

Nonostante crescano ovunque, i puffball sembrano preferire gli ambienti disturbati. Non si può sapere dove apparirà questo fungo, perché li ho scoperti sia in ampi campi che in boschi profondi.

La carne di un buon bignè deve essere di un bianco solido. Se c'è anche il minimo accenno di nero o di viola, tagliate quei punti o buttate via l'intero oggetto. Poiché si accompagnano molto bene alle omelette e ai burritos per la colazione, i bignè sono talvolta chiamati "funghi della colazione". Possono anche essere trasformati in una finta crosta per la pizza o in bastoncini di mozzarella, e a me piace usarli come funghi complementari negli hamburger o nella pasta.

Funghi Shaggy Mane

Questi funghi presentano un caratteristico cappello conico e squamoso che assomiglia a una parrucca indossata da un avvocato britannico. Con l'avanzare dell'età, iniziano a produrre un'olezzo nero che sale dalla base delle branchie.

I funghi selvatici con la criniera ispida hanno una delle stagioni di crescita più lunghe, in quanto compaiono dalla primavera a ottobre. Si presentano sempre dopo la pioggia.

Il fungo che molto probabilmente crescerà nel vostro giardino è questo. I crini arruffati amano stare in luoghi disturbati come parchi, rampe di barche, fossati, campi da calcio, piste ciclabili, ecc. Al contrario di una copertura fitta, sono più inclini a crescere all'aperto.

Le criniere ispide sono meno resistenti di altre prelibatezze selvatiche e hanno una polpa molto fragile. Utilizzatele su bistecche, hamburger, spaghetti, zuppe, soffritti e altro ancora entro poche ore o giorni dalla raccolta.

Pollo di bosco Funghi

Sono immediatamente identificabili nei boschi e hanno colori brillanti come i galli, da cui il nome. Emergono dalla terra solo sopra le radici o sugli alberi. A volte vengono chiamati "funghi dello zolfo". A volte si sviluppano in enormi grappoli che sono troppo grandi per essere raccolti da un singolo individuo.

A seconda della zona, i polli sono piuttosto stagionali. Nelle Grandi Pianure, li vedo spesso dalla fine di agosto all'inizio di ottobre, ma in altre zone del Paese possono crescere già in primavera e fino all'autunno.

Nella maggior parte dei casi, le galline compaiono su alberi morti di recente. Gli alberi possono essere sia in piedi che morti. Di solito si vedono all'altezza della vita o al di sotto degli alberi in piedi, anche se ne ho visti anche a 6 metri di altezza.

Poiché i polli sono funghi resistenti, è possibile utilizzarli in una varietà di ricette culinarie. Sono un'alternativa popolare nella comunità vegana per qualsiasi piatto che richieda pollo o tofu. I pollo di bosco saltato in padella, il pollo di bosco Alfredo e la zuppa di tagliatelle di pollo di bosco sono quelli che mi piacciono di più.

Funghi di bosco

Hanno una forma simile e crescono in luoghi simili, ma non hanno colori vivaci. Si sviluppano in una grande rosetta con chiome a cucchiaio o a ventaglio strettamente ammassate. Spesso sono di colore marrone o crema. Sono conosciuti anche come maitake, testa di ariete e testa di pecora da alcuni raccoglitori.

Le galline possono essere avvistate dalla primavera all'autunno, anche se la tarda estate e l'inizio dell'autunno sono i periodi in cui sono più diffuse. Dopo un evento di pioggia e durante il clima caldo, è più probabile che fioriscano.

Anche se questi funghi si trovano quasi esclusivamente sulle querce, si trovano in genere vicino alle basi di antiche ceppaie e di alberi di latifoglie.

Uno dei migliori tipi di funghi selvatici è il gallinaccio. Possono essere utilizzati in qualsiasi piatto al posto del pollo, poiché sono sostanziosi come il pollo di bosco. Sono tra i funghi più semplici da utilizzare nelle zuppe grazie alla loro consistenza carnosa.

Funghi ostrica

Le ostriche crescono solo sugli alberi, proprio come i polli o le galline dei boschi. Le ostriche hanno le branchie, a differenza dei polli e delle galline di bosco. Spesso formano piccoli gruppi e hanno l'aspetto di un ventaglio piatto. Raramente cambiano colore: sono praticamente sempre bianche.

Dopo una pioggia decente e un clima caldo, è più probabile che compaiano le ostriche. Inizieranno a comparire più o meno nello stesso periodo delle spugnole, ma non si fermeranno fino a ottobre.

Sui legni duri sfioriti o morti, come l'acero da zucchero e il faggio, si sviluppano spesso le ostriche. Sia sugli alberi in piedi che su quelli abbattuti, spuntano le ostriche. Sono un fungo tipico che si può trovare nei pressi dei corsi d'acqua.

Uno dei pochi funghi di questo elenco che si possono acquistare al supermercato è l'ostrica. Anche se non hanno molto sapore, hanno una consistenza meravigliosa. Utilizzatele per insaporire carni, zuppe, pasta e piatti unici. Le ostriche sono un ingrediente comune nella cucina asiatica.

Funghi porcini

La scoperta più emozionante della Giordania riguarda il re dei funghi, il porcino, un nobile abitante della foresta, avvolto da un alone di mistero e venerato in molte terre per i suoi sapori ricchi e terrosi e la sua consistenza sostanziale. Botanicamente noto come Boletus edulis, questo pregiato fungo è un gioiello tra i funghi selvatici, ricercato da chef e buongustai per la sua abilità culinaria. Esploriamo le caratteristiche di questo magnifico esemplare, un vero dono dei boschi.

Caratteristiche del fungo porcino:

Cappello: Il cappello del porcino è uno spettacolo splendido, con un colore che varia da un ricco marrone a un più chiaro marrone o crema, a seconda dell'età e delle condizioni in cui è stato nutrito dalla terra. Il cappello è liscio e spesso lucido, si allarga e si appiattisce con la maturazione, con un diametro che può variare da pochi centimetri a ben 25 cm o più in alcuni esemplari. Il cappello protegge la superficie sporiforme sottostante, a testimonianza del ruolo del fungo nel ciclo vitale della foresta.

Gambo: robusto e spesso, il gambo del fungo porcino è un pilastro di forza che sostiene il cappello. È tipicamente bianco o color crema, anche se può presentare una fine trama o un motivo a rete noto come reticolo, in particolare verso la parte superiore, vicino al punto in cui il gambo incontra il cappello. Questa base robusta è sia una meraviglia del design della natura sia un simbolo della resistenza del fungo.

Polpa: la polpa del porcino è densa e carnosa, di colore da bianco a crema chiaro, che può presentare un leggero alone giallo quando viene tagliata o danneggiata. Questa consistenza sostanziale è uno dei motivi per cui il porcino è così amato nelle applicazioni culinarie, poiché mantiene la sua forma e offre una masticazione soddisfacente quando viene cucinato.

Profumo e sapore: Forse la caratteristica più affascinante del porcino è il suo aroma e il suo sapore. Il profumo è decisamente di nocciola e di bosco, che evoca immagini del suolo della foresta dopo una pioggia. Il sapore è altrettanto profondo, ricco e terroso, con sottili sfumature di nocciola e un pizzico di dolcezza. Questo complesso profilo gustativo rende il porcino un ingrediente estremamente versatile, capace di elevare i piatti dal semplice al sublime.

Habitat: Il fungo porcino predilige la compagnia degli alberi, formando relazioni simbiotiche con le radici di latifoglie e conifere. Si trova nelle foreste di tutto l'emisfero settentrionale, compresa l'Europa, il Nord America e alcune parti dell'Asia, dove emerge dal terreno per abbellire la stagione autunnale, anche se in alcune regioni può comparire dall'estate all'inizio dell'inverno.

Usi culinari: In cucina, il porcino è un tesoro di possibilità. Può essere utilizzato fresco, saltato in padella per esaltarne i ricchi sapori o aggiunto a zuppe, stufati e risotti per conferire profondità e complessità. I porcini secchi, invece, sono un alimento fondamentale per la dispensa e offrono un sapore e un aroma intensificati che possono essere reidratati e utilizzati come se fossero freschi, infondendo nei piatti l'essenza della foresta.

Il fungo porcino è il riflesso della maestosità e dell'abbondanza della foresta, una delizia culinaria che ci collega agli angoli selvaggi e incontaminati del mondo. È un promemoria della generosità della natura, che offre nutrimento e piacere a coloro che ne cercano i segreti.

I funghi sono una scoperta deliziosa per la Giordania, e anche un semplice piatto di pasta può esaltare profumi e sapori.

Pasta ai funghi ostrica

Tempo di preparazione: 10 minuti

Tempo di cottura: 20 minuti

Ingredienti:

-1/2 kg di pasta non cotta

-1 lb. di funghi ostrica

-3 cucchiai di burro non salato

Un tesoro commestibile

- ½ cucchiaino di sale
- 3 spicchi d'aglio, tritati
- ½ tazza di panna pesante
- ½ cucchiaino di pepe nero
- ¼ di tazza di formaggio
- ¼ di tazza di prezzemolo, tritato

Istruzioni:

- Per 10 minuti, cuocere la pasta in una grande pentola d'acqua salata. Mettere da parte mezza tazza di acqua della pasta.

- Preparare la salsa ai funghi mentre la pasta cuoce. A fuoco medio, sciogliere 1 cucchiaio di burro in una padella. Cuocere i funghi ostrica in un unico strato nell'olio caldo fino a quando non saranno dorati su entrambi i lati. Trasferirli su un piatto da portata. Ripetere la stessa procedura con i funghi rimanenti. Prima di cuocere ogni porzione di funghi, sciogliere il burro nella padella.

- Aggiungere alla padella tutti i funghi fritti.

- A questo punto si aggiungono aglio, sale e pepe nero e si fa soffriggere per 1-2 minuti.

- Aggiungere ora l'acqua della pasta, la panna pesante e il prezzemolo. Lasciare bollire per 5 minuti.

- Aggiungete la pasta e fate sobbollire il tutto per due o tre minuti. Se necessario, assaggiare e aggiungere altro sale. Eliminare il calore.

- Servire subito con una grattugiata di formaggio.

Pasta ai funghi sfoglia

Un tesoro commestibile

Tempo di preparazione: 5 minuti

Tempo di cottura: 10 minuti

Ingredienti:

- -2 tazze di funghi champignon
- -1 tazza di foglie di senape tenere

-Maggiorana, preferibilmente fresca

- -1 tazza di cipolla selvatica
- -1 tazza di foglie e gambi di portulaca, tagliati a dadini

-Burro, se necessario

- -2 pomodori, tagliati a cubetti
- -Polvere di alghe
- -1 lb. di pasta, cotta

Istruzioni:

-Scaldare il burro in una padella e soffriggere delicatamente i funghi e le cipolle tritate dopo averli aggiunti. Aggiungere i pomodori e la portulaca dopo circa 5 minuti e lasciare soffriggere il composto.

-Aggiungere le foglie di senape, spezzettate, quando tutto è quasi finito. Le foglie di senape devono essere completamente appassite dopo la cottura. Aggiungere la pasta lessata e mescolare bene. Servite la pasta con un po' di maggiorana fresca spolverata sopra e una spruzzata di kelp per insaporire.

Risotto ai funghi porcini

Ingredienti:

1 tazza di funghi porcini secchi, un sussurro dell'anima del bosco

2 tazze di riso Arborio, la tela della nostra creazione culinaria

Un tesoro commestibile

1 cipolla grande, tritata finemente, come base del sapore

2 spicchi d'aglio, tritati, per sussurrare segreti di piccantezza

6 tazze di brodo vegetale o di pollo, caldo, come linfa vitale del risotto

1 bicchiere di vino bianco, per conferire luminosità e profondità

½ tazza di parmigiano reggiano, grattugiato fresco, come coronamento della festa

2 cucchiai di burro non salato, per un tocco di setosità

2 cucchiai di olio d'oliva, per il soffritto

Prezzemolo fresco, tritato, per guarnire

Sale e pepe, a piacere, come arbitri del sapore

Istruzioni:

Iniziare reidratando i funghi porcini secchi. Metteteli in una ciotola e copriteli con acqua bollente. Lasciateli in infusione per circa 20 minuti, o fino a quando non saranno teneri e paffuti. Una volta reidratati, scolare i funghi, riservando il liquido per il risotto. Tritare i funghi grossolanamente.

In una padella grande, scaldare l'olio d'oliva a fuoco medio. Aggiungere la cipolla e l'aglio e farli soffriggere fino a quando non saranno traslucidi e fragranti, un tenero preludio alla sinfonia di sapori.

Mescolare il riso Arborio, assicurandosi che ogni chicco sia ricoperto dall'olio e abbia un momento per tostarsi leggermente, diventando perlato e pronto ad assorbire i liquidi.

Versare il vino bianco e lasciarlo sobbollire e ridurre leggermente, in modo che l'alcol evapori e lasci la sua essenza. Questo passaggio è fondamentale, perché crea le premesse per la consistenza cremosa del risotto.

Cominciate ad aggiungere il brodo caldo, un mestolo alla volta, mescolando continuamente. Il riso inizierà ad assorbire il liquido, gonfiandosi di sapore e tenerezza. Man mano che il composto si addensa, aggiungete il liquido dei funghi riservato, una pozione di essenza di bosco.

Introdurre nella padella i funghi porcini tritati, mescolando per unire il tutto. Continuate ad aggiungere brodo, mestolo per mestolo, mescolando e lasciando che il riso assorba il liquido prima di aggiungerne altro. Questo processo, un lavoro d'amore, durerà circa 18-20 minuti, fino a quando il riso sarà al dente e avvolto da una salsa cremosa.

Togliere dal fuoco e mantecare con il burro e il parmigiano grattugiato, trasformando il risotto in un piatto di ineguagliabile ricchezza e cremosità.

Salare e pepare a piacere, quindi guarnire con prezzemolo fresco per un tocco di colore e freschezza.

Servite subito questo risotto ai funghi porcini, ogni cucchiaiata è un omaggio alla ricchezza della terra e all'arte culinaria. Che sia un piatto che scalda il cuore e delizia il palato, una celebrazione dei sapori e della magia dei funghi porcini.

2,5 Giorno 5

Il quinto giorno Jordan ha esplorato un giardino botanico segreto noto per le sue erbe commestibili e ha raccolto una varietà di erbe commestibili per preparare una gustosa tisana. Le erbe selvatiche raccolte erano ricche di sostanze nutritive e di seguito vengono fornite brevi informazioni su di esse insieme alla ricetta della tisana.

Camomilla

La camomilla è un fiore utilizzato da molto tempo per aiutare le persone a rilassarsi e ad addormentarsi. Il principio attivo proviene dalle foglie della pianta, che vengono solitamente mescolate con altre erbe rilassanti come la valeriana e il luppolo per creare miscele come Peach-Chamomile o Sleepy Time di Celestial Seasonings.

Citronella

Il sapore piccante che la pianta di citronella conferisce a cibi e bevande è una grande attrattiva. Il tè alla citronella viene spesso somministrato dopo cena per aiutare la digestione. Ciò è dovuto soprattutto al fatto che contiene citrale, che è anche l'ingrediente principale delle foglie di limone. Anche se di solito viene gustato da solo, può essere mescolato con altre erbe per ottenere tè al gusto di limone, come il Lemon Zinger.

Gelsomino

Il fiore presente nelle miscele di tè si chiama Jasminum sambac. Si tratta di una specie del genere Gelsomino, che è un arbusto o una pianta della famiglia delle olive. A differenza della maggior parte degli altri fiori, il gelsomino è amato più per il suo forte profumo che per i suoi effetti sulla salute. Di solito, gli oli delle foglie dei fiori vengono mescolati con tè verde o tè rooibos per ottenere la bevanda calda che ci piace.

Menta piperita

Il tè alla menta piperita è solitamente una miscela di tè verde o nero con foglie di menta piperita o una semplice tisana alla menta piperita, talvolta chiamata anche tè alla menta. Si ritiene che il mentolo contenuto nelle foglie possa aiutare a trattare la sindrome dell'intestino irritabile, la malattia e altri problemi di stomaco, rilassando i muscoli addominali e facilitando il movimento della bile, che aiuta la digestione. Si dice anche che la menta piperita possa aiutare a combattere l'alito cattivo.

Echinacea

Molti non sono d'accordo sul fatto che l'echinacea fermi o curi il raffreddore comune. Tuttavia, la maggior parte delle persone concorda sul fatto che si tratta di una pianta forte con principi attivi che rafforzano il sistema immunitario, alleviano il dolore, riducono l'infiammazione e proteggono le cellule dai danni. Le foglie e i fiori della parte superiore della pianta, che si ritiene contenga polisaccaridi (una sostanza che fa funzionare il sistema immunitario), vengono messi in infusione in acqua calda per preparare il tè.

Rosa canina

Le bacche di rosa canina sono baccelli arancione-rossastri con semi che crescono alla base di un fiore di rosa. Quando vengono bolliti con acqua, producono un tè dal sapore aspro e dal colore rosato. L'erba è nota per avere molta vitamina C, che è utile per il sistema nervoso. Alcuni ritengono che sia addirittura migliore della maggior parte delle pillole di vitamina C. Le bacche di rosa canina sono solitamente presenti in tutti i tè che hanno un sapore di frutti di bosco o di frutta.

Un tesoro commestibile

Foglie di mora

La maggior parte dei tè aromatizzati ai frutti di bosco sono prodotti con foglie di mora raccolte, essiccate al sole e bollite. Gli studi dimostrano che le foglie hanno un buon numero di flavonoidi, noti per la loro capacità di combattere i radicali liberi.

Ibisco

L'ibisco, meglio conosciuto come "zinger" nei tè Red Zinger, Lemon Zinger e Berry Zinger di Celestial Seasonings, è un'erba apprezzata per il suo sapore piccante e per i noti benefici per la salute come lassativo naturale.

Biancospino

I tè al gusto di pesca e di frutti di bosco sono ottenuti dalle foglie, dai fiori e dalle bacche della pianta di biancospino. Si pensa che la pianta contenga gruppi simili ai flavonoidi che aiutano a migliorare la salute del cuore rilassando e allargando i vasi sanguigni. Questo migliora il flusso sanguigno e riduce lo stress sul cuore. Si ritiene inoltre che le bacche di biancospino possano aiutare a combattere la ritenzione idrica eliminando il sale in eccesso nel corpo.

Anche una profumata tisana calda può essere una bevanda salutare, e Jordan apprezza con entusiasmo i consigli della sua guida.

Ricetta della camomilla

Tempo di preparazione: 5 minuti

Tempo di cottura: minuti

Ingredienti:

-3 cucchiai di camomilla essiccata

-2 tazze di acqua

-Miele , a piacere

Istruzioni:

-Per iniziare a preparare la ricetta della camomilla, mettere l'acqua in un pentolino e scaldarla a fuoco alto. Quando l'acqua inizia a bollire, spegnere il fuoco e aggiungere la camomilla essiccata. Tenere il coperchio per un minuto. Versare la camomilla attraverso un colino nelle tazze. Aggiungere il miele a piacere, mescolare e servire.

Ricetta del tè alla citronella

Tempo di preparazione: 5 minuti

Tempo di cottura: minuti

Ingredienti:

-3 cucchiai di citronella essiccata

-2 tazze di acqua

-Miele , a piacere

Istruzioni:

-Per iniziare a preparare il tè alla citronella, mettere l'acqua in un pentolino e scaldarla a fuoco alto. Quando l'acqua inizia a bollire, spegnere il fuoco e aggiungere la citronella essiccata. Tenere il coperchio per un minuto. Versare il tè alla citronella attraverso un colino nelle tazze. Aggiungere miele a piacere, mescolare e servire.

2.6 Giorno 6

Il giorno 6 Jordan ha iniziato il suo viaggio da un tranquillo campeggio e si è diretto verso la valle del fiume. Ha seguito il sentiero pianeggiante lungo il fiume e ha raccolto una varietà di erbe selvatiche per preparare una fresca insalata. Le erbe selvatiche raccolte erano ricche di sostanze nutritive e di seguito vengono fornite brevi informazioni su di esse insieme alla ricetta dell'insalata.

Le erbe aromatiche sono un ottimo modo per rendere un'insalata più gustosa, più sana e più gradevole. Si sposano bene con il gusto delicato della maggior parte delle lattughe, che può risultare un po' noioso. Mi piacciono soprattutto le insalate con un mix di sapori diversi, come le lattughe e le erbe che sono state mescolate e leggermente condite, in modo che i sapori si mescolino in bocca e ogni morso sia un'esperienza nuova.

Prezzemolo

Il prezzemolo è originario del Mediterraneo, dove cresce come pianta da fiore. I due tipi più diffusi sono quello italiano a foglie piatte e quello francese a foglie ricce. Nel corso del tempo, le persone hanno usato il prezzemolo per trattare cose come l'alta pressione sanguigna, l'asma e le malattie che fanno male al corpo.

Oggi è molto utilizzato in cucina, sia fresco che secco. È di colore verde brillante e ha un sapore moderato e amaro che si sposa bene con molti cibi diversi. Il prezzemolo ha molti benefici per la salute e viene spesso definito una delle piante migliori per combattere le malattie. Ha anche un alto valore nutrizionale.

Sia le foglie arricciate che quelle normali possono essere tagliate o strappate in piccoli pezzi. Questa pianta è ricca di niacina, calcio e ferro, oltre che di vitamine B1, B2, A e C. Prima di utilizzare questa pianta, lavatela bene, soprattutto se ha le foglie contorte.

Basilico

Il basilico è un'erba imparentata con la menta. Aggiunge sapore ai cibi e le sostanze nutritive in esso contenute possono essere utili per la salute. In molti piatti mediterranei, soprattutto italiani, si usa il basilico dolce. È la base del pesto e conferisce un sapore unico a pasta, insalate, pizza e altri alimenti. Questa erba è utilizzata anche nella cucina tailandese, indonesiana e vietnamita.

Il basilico dolce può aggiungere nutrienti e diversi antiossidanti agli alimenti. Anche il suo olio essenziale può essere utile per la salute.

I diversi tipi di basilico rendono l'insalata più gustosa e più bella. Le varietà a foglia larga, come il "Lettuce Leaf", possono essere tagliate a pezzetti e utilizzate nelle insalate. Le varietà a foglie viola sono utilizzate per dare colore. Alcuni tipi di basilico hanno un sapore simile al limone e sono perfetti per le insalate.

Timo

Il timo è un piccolo arbusto perenne e sempreverde della famiglia delle Lamiaceae che viene coltivato soprattutto per le sue foglie, utilizzate come erba aromatica. La pianta di timo cresce dritta, o eretta, e ha molti steli legnosi che si ramificano. Le foglie della pianta di timo sono lunghe e sottili o arrotondate e sono disposte a coppie sugli steli. Le foglie sono ricoperte da minuscoli peli e hanno molte ghiandole oleifere di colore marrone rossastro che sembrano piccoli punti sulla superficie. Le foglie sono di colore verde o di colori diversi. Su una spiga all'estremità della pianta si trovano gruppi di piccoli fiori rosa o viola chiaro. La pianta produce anche piccoli frutti marroni, ognuno dei quali contiene un seme.

Il timo ha un sapore leggermente piccante, dolce e legnoso. Si abbina bene all'insalata di pollo e ai formaggi forti.

Levistico

Il levistico è una pianta annuale dell'Europa meridionale che appartiene alla stessa famiglia del prezzemolo. Viene coltivata per i suoi steli e le sue foglie, che vengono utilizzati per preparare tisane, come verdura e per insaporire i cibi, soprattutto le carni. I suoi fusti sotterranei, chiamati rizomi, sono usati per trattare la diarrea e i suoi semi sono usati per aromatizzare caramelle e liquori. Il levistico ha un sapore dolce simile a quello del sedano. Dalle sommità fiorite si ricava l'olio essenziale che viene utilizzato per produrre profumi e insaporire i cibi. Le diverse parti della pianta sono state utilizzate per lungo tempo come medicina. È l'unica pianta del genere Levisticum.

Questa erba aromatica ricorda un po' il sedano e i suoi gambi e le sue foglie tritate si adattano bene alle insalate. Ad alcune persone non piace il sapore del levistico perché "sa di sapone", ma dovreste provarlo voi stessi.

Melissa

La pianta comunemente chiamata melissa appartiene alla famiglia delle Lamiaceae, genere Melissa, specie officinalis, e deve il suo nome comune all'odore di limone. Le piante perenni resistenti come la melissa erano regolarmente utilizzate e favorite dagli apicoltori in tempi passati. Per far tornare le api domestiche ai loro alveari, i primi apicoltori strofinavano le foglie schiacciate della pianta sugli alveari, nella speranza che le api di ritorno portassero con sé altre api. Il nome comune della pianta deriva dalla parola greca "ape" (Melissa). Poiché in Europa la melissa viene spesso chiamata "balsamo delle api", da tempo esiste un legame tra questa pianta e le api. La melissa è una pianta morfologicamente eretta con rami pelosi e ramificati che, a maturità, possono raggiungere un metro di altezza. La pianta presenta inoltre numerose foglie ellittiche seghettate, di colore verde chiaro, che emergono in coppie opposte a ogni giuntura lungo il fusto. Il nome popolare della pianta deriva dai fiori bianchi o giallastri a due labbra che sbocciano da giugno a settembre e si diffondono lungo i rami in piccoli grappoli sciolti sull'asse delle foglie. Queste escrescenze floreali hanno un distinto aroma di limone. Il limone ha un sapore brillante e pulito che si sposa bene con le insalate.

Giunto al suo sesto giorno di avventura, Jordan avevo capito con certezza che i tesori della natura potevano assumere molte forme e colori ed essere trasformati in ricette semplici, gustose e salutari.

Insalata morbida alle erbe
Tempo di preparazione: 5 minuti
Tempo di cottura: 5 minuti
Ingredienti:
- -2 tazze di foglie di coriandolo
- -1 tazza di rametti di aneto
- -1 tazza di foglie di rucola
- -1 tazza di foglie di basilico o menta
- -4 cucchiai di burro non salato

Un tesoro commestibile

- 1 tazza di foglie di prezzemolo a foglia piatta
- 2 tazze di foglie di lattuga
- Sale e pepe nero, a piacere
- 1 tazza di mandorle affettate
- 3 cucchiai di succo di limone, più a piacere
- ¼ di cucchiaino di peperoncino rosso in fiocchi
- 2 cucchiai di olio d'oliva, più a piacere

Istruzioni:

- Lavate le erbe e le verdure fino a un giorno prima di servirle: Riempite una grande ciotola con molta acqua fredda. Mettete le foglie nell'acqua, muovetele per sciogliere la sporcizia e poi sollevatele con cura. Potete asciugarle in una centrifuga per insalata o su asciugamani da cucina puliti. Se state lavorando in anticipo, mettete le foglie secche in contenitori sigillati o in sacchetti di plastica e metteteli in frigorifero. Mettete un tovagliolo di carta in ogni sacchetto per assorbire l'acqua in eccesso.

- In una padella, sciogliere il burro fino a farlo sfrigolare. Aggiungete le mandorle e fatele saltare a fuoco basso fino a quando il burro non sarà rosolato e le mandorle dorate. Estrarre le noci e farle asciugare su carta assorbente. Conservare il burro.

- Quando è ora di mangiare, mettere le verdure in una grande ciotola. Condite l'insalata con sale, pepe, noci, burro da cucina, succo di limone, fiocchi di peperoncino e olio d'oliva. Mescolare delicatamente e servire subito.

Insalata di erbe verdi al balsamico

Tempo di preparazione: 5 minuti.

Tempo di cottura: 0 min.

Ingredienti:

- -2 tazze di foglie di coriandolo
- -1 tazza di rametti di timo
- -1 tazza di foglie di prezzemolo a foglia piatta
- -1 tazza di foglie di rucola
- -1 tazza di foglie di basilico o menta
- -2 tazze di foglie di lattuga

-Sale e pepe nero, a piacere

- -3 cucchiai di aceto balsamico

Istruzioni:

-Lavate le erbe e le verdure fino a un giorno prima di servirle: Riempite una grande ciotola con molta acqua fredda. Mettete le foglie nell'acqua, muovetele per sciogliere la sporcizia e poi sollevatele con cura. Potete asciugarle in una centrifuga per insalata o su asciugamani da cucina puliti. Se state lavorando in anticipo, mettete le foglie secche in contenitori sigillati o in sacchetti di plastica e metteteli in frigorifero. Mettete un tovagliolo di carta in ogni sacchetto per assorbire l'acqua in eccesso.

-Condire l'insalata con sale, pepe e aceto balsamico. Mescolare delicatamente e servire subito.

2.7 Giorno 7

Il giorno 7 Jordan ha esplorato una zona umida con stagni e canneti e ha raccolto una varietà di piante acquatiche per preparare una gustosa zuppa per cena. Le piante acquatiche raccolte erano ricche di sostanze nutritive e di seguito vengono fornite brevi informazioni su di esse insieme alla ricetta della zuppa per la cena.

I corsi d'acqua del Nord America sono davvero una fonte abbondante di tesori commestibili, offrendo una varietà di piante acquatiche che non solo abbelliscono queste acque con la loro bellezza, ma forniscono anche nutrimento. Qui di seguito vi presenterò una selezione di sette piante acquatiche, ognuna delle quali rappresenta una deliziosa aggiunta al repertorio culinario di coloro che hanno la fortuna di scoprirle.

Crescione (Nasturtium officinale)

Gioiello tra le piante acquatiche, il crescione fiorisce nei freschi ruscelli e nelle sorgenti. Con le sue foglie pepate, aggiunge una vivace esplosione di sapore a insalate, zuppe e panini. Questa pianta non è solo una delizia per il palato, ma anche una fonte di vitamine e minerali.

Il crescione è una pianta perenne che cresce in acque limpide e correnti. Possiede piccole foglie rotonde di colore verde scuro che crescono a grappoli su steli che galleggiano o si innalzano sopra l'acqua. I suoi delicati fiori bianchi, che sbocciano dalla primavera all'autunno, sono un segno rivelatore del crescione in natura. Questa pianta è rinomata non solo per il suo sapore pepato, ma anche per il suo elevato contenuto nutrizionale, tra cui le vitamine A, C e K.

Il crescione è famoso per il suo sapore pepato, che lo rende un'aggiunta squisita a insalate, panini e zuppe. Può anche essere mescolato al pesto o utilizzato come vivace guarnizione per i piatti, offrendo un'esplosione di colore e nutrimento. Ricco di vitamine e minerali, il crescione è una splendida scelta per migliorare la salute e la vitalità generale.

Riso selvatico (Zizania spp.)

Sebbene sia più comunemente conosciuto come il cereale dei laghi e dei fiumi a lento scorrimento, il riso selvatico è in realtà il seme di un'erba acquatica. Offre un sapore di nocciola e una splendida consistenza a una varietà di piatti, dalle zuppe sostanziose ai sontuosi pilaf, incarnando l'essenza delle acque che abita.

Il riso selvatico non è un vero e proprio riso, ma piuttosto il seme di un'erba acquatica originaria delle acque poco profonde di laghi e torrenti. Si erge in altezza, spesso raggiungendo diversi metri sopra l'acqua, con foglie lunghe e sottili e un gambo che porta il chicco. I semi stessi sono scuri e allungati e possiedono una guaina esterna masticabile con un tenero chicco interno, che offre un distinto sapore di nocciola.

Il riso selvatico ha un sapore di nocciola e una consistenza sostanziosa che lo rendono un ingrediente pregiato per pilaf, zuppe e insalate. Può servire come base per il ripieno di verdure o pollame, offrendo un'alternativa rustica e nutriente ai cereali tradizionali. Il riso selvatico è ricco di proteine, fibre alimentari e antiossidanti, che contribuiscono a una dieta equilibrata e sana.

Gattaiola (Typha spp.)

La coda di gatto, con i suoi caratteristici capolini marroni a forma di sigaro, è uno spettacolo familiare nelle paludi e in riva al mare. I teneri germogli e le basi delle foglie possono essere consumati crudi o cotti, mentre il polline è una farina fine e dorata, adatta alla cottura. Anche le radici possono essere trasformate in farina amidacea.

Le code di gatto sono facilmente riconoscibili per i loro steli alti e dritti sormontati da spighe cilindriche di fiori marroni, che ricordano la coda di un gatto. Hanno foglie lunghe, strette e piatte che possono raggiungere diversi metri di altezza. Questa pianta è un prodigio di versatilità e fornisce una varietà di parti commestibili durante tutto il suo ciclo di crescita, dai teneri germogli in primavera alle radici amidacee e al polline in estate.

I giovani germogli e le basi delle foglie della coda di gatto possono essere consumati crudi o cotti, con un sapore simile a quello del cetriolo. Le radici amidacee possono essere bollite e schiacciate o essiccate e ridotte in farina, mentre il polline può essere usato come addensante proteico per zuppe e stufati. La coda di gatto offre una gamma versatile di benefici nutrizionali, tra cui carboidrati e vitamine.

Loto (Nelumbo lutea)

Il loto americano, con le sue magnifiche fioriture e le grandi foglie rotonde, abbellisce le acque tranquille con la sua presenza. I semi, annidati all'interno dei suggestivi baccelli, possono essere consumati crudi o cotti, offrendo un sapore che ricorda quello delle castagne. Anche le radici sono una delizia culinaria, affettate e preparate in insalate o zuppe.

Il loto americano vanta grandi foglie rotonde che galleggiano sulla superficie dell'acqua e splendidi fiori profumati che possono essere di colore giallo o bianco. I semi della pianta sono contenuti in un caratteristico baccello conico che emerge dopo la fioritura. Sia i semi che le grandi radici tuberose del loto sono commestibili e molto apprezzati in ambito culinario.

I semi di loto possono essere consumati crudi, arrostiti o trasformati in una pasta da utilizzare in dolci e dessert, con un sapore sottilmente dolce e di noce. Le radici, affettate e cotte, sono un'aggiunta croccante alle insalate e ai soffritti. Ricche di fibre e di varie sostanze nutritive, le parti del loto sono apprezzate non solo per il loro gusto ma anche per i loro benefici per la salute.

Ninfea (Nymphaea odorata)

La ninfea, con i suoi fiori eleganti e le sue foglie galleggianti, adorna stagni e corsi d'acqua a lento scorrimento. Le foglie giovani e tenere, i semi e i tuberi sono tutti commestibili. I tuberi possono essere bolliti o arrostiti, offrendo un sapore simile a quello delle patate dolci, mentre i semi sono un delizioso spuntino se fatti scoppiare come popcorn.

Le ninfee sono caratterizzate da ampie foglie galleggianti, dette ninfee, collegate al fusto sommerso della pianta. I fiori, che si posano graziosamente sulla superficie dell'acqua, possono essere bianchi, rosa o gialli ed emettono una piacevole fragranza. Le parti sommerse della pianta, comprese le foglie giovani, i semi e i tuberi, sono i tesori commestibili nascosti sotto la facciata dell'acqua.

Le foglie giovani e i boccioli dei fiori non aperti della ninfea possono essere bolliti e serviti come verdura verde, mentre i semi possono essere arrostiti o spuntati. I tuberi possono essere cucinati come le patate. Queste parti della ninfea costituiscono una fonte di amido e di sostanze nutritive, aggiungendo diversità alla dieta.

Testa di freccia (Sagittaria spp.)

Conosciuta anche come patata anatra o wapato, la punta di freccia prospera nelle zone umide e nelle acque poco profonde, con le sue foglie a forma di freccia rivolte verso il cielo. I tuberi, sepolti nel fango sotto la superficie dell'acqua, sono il suo tesoro nascosto, pronti per essere bolliti o arrostiti, ricordando le patate sia nella consistenza che nel sapore.

Le piante a punta di freccia, che prendono il nome dalle loro caratteristiche foglie a forma di freccia, crescono in acque paludose e poco profonde. Producono piccoli fiori bianchi con tre petali che emergono dall'acqua su steli sottili. I tuberi commestibili della pianta, ricchi di amido, si sviluppano nel fango sotto l'acqua e vengono raccolti nel tardo autunno.

I tuberi della pianta della punta di freccia possono essere bolliti, arrostiti o fritti, gustati come una verdura amidacea dal sapore che ricorda le patate o le castagne. Possono anche essere affettati e aggiunti ai piatti per ottenere una consistenza croccante. I tuberi della testa di freccia sono una buona fonte di carboidrati e micronutrienti, che offrono sostentamento ed energia.

Alga piccante (Pontederia cordata)

Il pickerelweed, con le sue spighe di fiori blu vibranti, è un elemento fondamentale degli habitat d'acqua dolce. Le foglie e gli steli giovani possono essere consumati crudi in insalata o cotti come verdure, offrendo un sapore leggermente amaro che si integra bene con altri sapori. Anche i semi possono essere raccolti e cucinati, come il riso selvatico.

Il Pickerelweed è una pianta acquatica robusta con grandi foglie lanceolate che emergono direttamente dalla base, ergendosi sopra l'acqua. Le sue spighe di fiori blu-violetti la rendono una presenza di grande impatto visivo negli habitat d'acqua dolce. Questa pianta fiorisce dalla tarda primavera all'estate, offrendo non solo un'attrattiva visiva, ma anche giovani foglie e semi commestibili.

Le foglie e gli steli giovani del pickerelweed possono essere consumati crudi in insalata o cotti come una foglia verde. I semi possono essere bolliti o arrostiti, utilizzati come cereali o macinati in farina. Questa pianta è una fonte di vitamine e minerali e completa una dieta equilibrata con il suo contenuto nutrizionale.

Queste piante acquatiche, ognuna con un sapore e un profilo nutrizionale unico, sono una testimonianza dell'abbondanza dei giardini acquatici della natura. Ci invitano a esplorare e ad apprezzare la ricchezza selvatica che si trova a portata di mano, ricordandoci l'interconnessione di tutta la vita. Che le vostre incursioni nel regno delle piante acquatiche commestibili siano piene di scoperte e delizie, un viaggio di nutrimento e meraviglia.

Ciascuna di queste piante, con il suo aspetto unico e le sue abitudini di crescita, contribuisce al ricco arazzo degli ecosistemi acquatici. Esse ricordano l'abbondanza e la diversità della vita che prospera nell'acqua,

Un tesoro commestibile

offrendo nutrimento e bellezza a chi le cerca. Che la vostra esplorazione di queste piante acquatiche commestibili possa arricchire la vostra comprensione e il vostro apprezzamento del mondo naturale.

Intraprendere un'avventura culinaria con queste piante acquatiche sarà davvero una delizia. Ecco tre ricette che incorporano ad arte la ricchezza dell'abbraccio dell'acqua, ogni piatto è una testimonianza dei sapori e delle consistenze che queste piante offrono.

Ecco tre ricette che incorporano ad arte la ricchezza dell'abbraccio dell'acqua, ogni piatto è una testimonianza dei sapori e delle consistenze che queste piante offrono. Jordan, giunto alla fine del suo primo viaggio, si ritrova ad assaporare questi nuovi sapori, conservando nella memoria la gioia di scoprire tesori naturali di cui ignorava l'esistenza.

1. Zuppa di crescione con un tocco di panna

Ingredienti:

    2 mazzetti di crescione fresco, tritato grossolanamente

    1 cipolla grande, tritata finemente

    2 spicchi d'aglio tritati

    2 cucchiai di burro non salato

    4 tazze di brodo vegetale

    1 tazza di panna pesante

    Sale e pepe nero macinato fresco, a piacere

    Una spruzzata di succo di limone fresco, per dare luminosità

Istruzioni:

In una pentola grande, sciogliere il burro a fuoco medio. Aggiungere la cipolla e l'aglio e farli soffriggere finché non diventano morbidi e traslucidi.

Aggiungere il crescione alla pentola, mescolando fino a farlo appassire.

Versare il brodo vegetale e portare a ebollizione. Ridurre il calore e cuocere a fuoco lento per circa 20 minuti.

Ridurre la zuppa in purea con un frullatore a immersione fino a ottenere un composto omogeneo.

Aggiungere la panna pesante e riscaldare il tutto senza far bollire. Condire con sale, pepe e una spruzzata di succo di limone.

Servire caldo, guarnendo con qualche foglia di crescione per un tocco di eleganza.

2. Pilaf di riso selvatico e funghi
Ingredienti:

1 tazza di riso selvatico, sciacquato

2 tazze di brodo vegetale

1 tazza di funghi porcini, tritati (sostituire con altri funghi selvatici, se si desidera)

1 cipolla piccola, tritata finemente

2 spicchi d'aglio tritati

2 cucchiai di olio d'oliva

1 cucchiaino di foglie di timo fresco

Sale e pepe nero macinato fresco, a piacere

Prezzemolo tritato, per guarnire

Un tesoro commestibile

Istruzioni:

In una casseruola media, portare a ebollizione il brodo vegetale. Aggiungere il riso selvatico, ridurre la fiamma al minimo, coprire e cuocere a fuoco lento per 45-50 minuti, o fino a quando il riso è tenero e il liquido è stato assorbito.

Mentre il riso cuoce, scaldare l'olio d'oliva in una padella a fuoco medio. Aggiungere la cipolla e l'aglio e farli soffriggere finché non si ammorbidiscono.

Aggiungere i funghi alla padella, cuocendoli finché non saranno dorati e il loro liquido non sarà evaporato. Mescolare il timo e condire con sale e pepe.

Una volta che il riso è cotto, sprimacciarlo con una forchetta e unire il composto di funghi. Aggiustare il condimento se necessario.

Servite il pilaf guarnito con prezzemolo tritato, un piatto sostanzioso e saporito che celebra la profondità terrosa del riso selvatico e dei funghi.

3. Insalata di radici di loto con condimento al sesamo
Ingredienti:

1 radice di loto media, sbucciata e tagliata a fettinesottili

1 carota, tagliata a julienne

2 cucchiai di aceto di riso

1 cucchiaio di salsa di soia

1 cucchiaio di olio di sesamo

1 cucchiaino di miele

1 cucchiaio di semi di sesamo, tostati

Sale, a piacere

Cipolle verdi tritate, per guarnire

Istruzioni:

Preparare una ciotola d'acqua con una spruzzata di aceto. Mettete la radice di loto affettata nell'acqua per evitare che si scolorisca.

Portare a ebollizione una pentola d'acqua. Sbollentare le fette di radice di loto per 2-3 minuti, quindi scolarle e sciacquarle sotto l'acqua fredda. Scolare bene.

In una grande ciotola, unire la radice di loto, la carota, l'aceto di riso, la salsa di soia, l'olio di sesamo, il miele e un pizzico di sale. Mescolare bene per ricoprire il tutto.

Cospargere l'insalata con semi di sesamo tostati e guarnire con cipolle verdi prima di servire.

Questa insalata rinfrescante, con la sua consistenza croccante e il suo condimento saporito, offre un modo delizioso per assaporare il fascino unico della radice di loto.

Queste ricette, che mettono in risalto il carattere distintivo delle piante acquatiche, vi invitano ad assaporare i doni dell'acqua. Che possano portare gioia alla vostra tavola e un tocco di abbondanza della natura ai vostri pasti.

Capitolo 3:
Cucinare con la natura

Molte delle ricette di questo capitolo possono essere modificate per adattarsi a ciò che è di stagione o facilmente accessibile ovunque ci si trovi. Non sentitevi mai costretti. Provate nuove varianti e combinazioni sperimentando.

Molte delle ricette di questo capitolo sono di base. Gli alimenti selvatici sono i componenti principali della maggior parte dei piatti. Questo vi permetterà di interagire e conoscere ogni singola pianta. Non c'è nulla di male nell'utilizzare i cibi selvatici come componenti principali, ma è necessario avere una conoscenza approfondita di ogni pianta prima di decidere come usarla e come non usarla.

Non dimenticate mai che tutti questi alimenti selvatici possono essere gustati semplicemente crudi o al vapore, se le circostanze richiedono semplicità, indipendentemente da quanto sia complicato il pasto che potreste preparare. In realtà, la maggior parte dei cibi selvatici è più gustosa quando è semplice e senza fronzoli. Considerate queste piante selvatiche come dei piatti deliziosi, semplici e basilari.

Si può notare che l'uomo moderno è privo di questo tesoro terrestre a causa della nostra predilezione quasi esclusiva per i pasti coccolati creati attraverso l'ibridazione. Lasciate che le piante che un tempo sostenevano le antiche civiltà vi nutrano mentre masticate con cura. Permettete a voi stessi di apprezzare pienamente l'abbondanza intorno a voi e accettate le "erbacce" come partner e compagne.

3.1 Insalata di senape e alisso

Tempo di preparazione: 5 minuti

Tempo di cottura: 0 min.

Ingredienti:

-2 tazze di foglie di ravanello selvatico o senape nera tenera

-1 pomodoro

-Coppa dei fiori di alisso dolce

-Condimento di olio e aceto

-1 topinambur grande

Istruzioni:

-Poiché avevamo molti fiori freschi, abbiamo deciso di utilizzare l'alisso dolce come ingrediente supplementare in questa ricetta.

-Scegliete foglie di senape morbide e senza peli, come quelle della varietà nera. Poiché anche l'alisso dolce appartiene alla famiglia delle senapi, questa insalata è piuttosto pepata ed energizzante.

-Mettere le foglie di senape sciacquate e strappate in un piatto da insalata. Aggiungete poi i deliziosi fiori di alisso interi. L'insalata è bilanciata dal sapore del pomodoro e dalla croccantezza del topinambur.

-Quest' insalata è un'ottima insalata da trail se condita con un condimento a base di olio e aceto.

3.2 Alisso saltato in padella

Tempo di preparazione: 5 minuti

Tempo di cottura: 5 minuti

Ingredienti:

   -Burro

   -1 tazza di foglie e fiori di alisso

   -1 tazza di cipolla, tagliata a dadini

   -1 tazza di foglie di molo

Istruzioni:

Il burro deve essere sciolto in una padella. A fuoco basso, aggiungere le cipolle tritate e farle soffriggere. Aggiungere le foglie di molo e l'alisso quando si è quasi finito. Strappare le foglie di molo in piccoli pezzi. Mescolare spesso fino a quando le foglie non saranno completamente appassite.

3.3 Tostada al formaggio con amaranto

Tempo di preparazione: 5 minuti

Tempo di cottura: 5 minuti

Ingredienti:

-Utilizzare le foglie di amaranto come si fa con la lattuga.

   -1 tortilla di mais

   -Olio

-½ tazza di foglie di amaranto

-¼ di tazza di formaggio tagliuzzato

   -2 cucchiai di salsa

Istruzioni:

-Preriscaldare la padella di ghisa e aggiungere l'olio. Mettere la tortilla all'interno e aspettare tre minuti che si scaldi. Aggiungere il formaggio e attendere che inizi a sciogliersi. Aggiungere le foglie di amaranto tritate finemente. Cuocere la tostada per altri due o tre minuti. Dopodiché, aggiungere circa 2 cucchiai di salsa e servire.

-Nota : quando le foglie di amaranto maturano, diventano più amare. Per verificarlo è sufficiente masticare una foglia. Utilizzate le foglie mature in una ricetta che richiede un tempo di cottura maggiore se è troppo amara per i vostri gusti.

3.4 Insalata di sopravvivenza

Tempo di preparazione: 5 minuti

Tempo di cottura: 0 min.

Ingredienti:

-1 tazza di cime di amaranto

-1 tazza di cime di ceci

-1 tazza di spinaci della Nuova Zelanda

-½ tazza di cipolle, tagliate a dadini

-½ tazza di foglie di nasturzio

-1 limone

-4 topinambur grandi, tagliati a dadini

-2 cucchiai di semi di chia

-Spruzzata di sale

Istruzioni:

-Cosa significa il nome "Insalata di sopravvivenza"? La maggior parte di questi prodotti può essere coltivata o scoperta nei cortili urbani. Il topinambur e la cipolla sono entrambi semplici da coltivare; una volta che si sono insediati, si prendono essenzialmente cura di se stessi e continueranno a riseminare all'infinito. Il nasturzio,

Un tesoro commestibile

l'amaranto e lo spinacio della Nuova Zelanda sono tutte piante abbastanza semplici da coltivare nel vostro giardino. Se vi assicurate che abbiano un terreno ben drenato, praticamente sabbioso, e acqua sporadica, si riprodurranno all'infinito.

- Poiché cresce spontaneamente nella maggior parte degli Stati Uniti, la cicerchia non ha bisogno di essere coltivata. La cicerchia cresce più abbondantemente in primavera e preferisce luoghi umidi e ombreggiati.

- Se vi siete preparati in anticipo, sarete in grado di nutrire bene la vostra famiglia in caso di vera emergenza alimentare senza unirvi alla folla frenetica che saccheggia il negozio locale.

- Per creare questa insalata sono necessari solo cipolla, topinambur, limone, sale e chia.

- Tutte le verdure devono essere sciacquate prima di essere tagliate a pezzetti. Aggiungere topinambur e cipolle, entrambi tagliati a dadini.

- Aggiungete un po' di succo di limone ai componenti dell'insalata per insaporirla. Se non avete limoni, usate l'aceto di sidro di mele crudo.

- Se non avete l'aceto, allora sei foglie di salvia bianca fresca, o qualsiasi salvia, devono essere messe a bagno in un terzo di tazza d'acqua fino a quando l'acqua non si aromatizza fortemente con la salvia per creare una spezia gustosa. Dopodiché, aggiungete l'acqua all'insalata.

- Aggiungere i semi di chia e il sale. Mescolate bene l'insalata e godetevela.

3.5 Amaranto saltato in padella

Tempo di preparazione: 5 minuti

Tempo di cottura: 5 minuti

Ingredienti:

- -1 tazza di cipolla, tagliata a dadini
- -1 cucchiaio di burro
- -1 tazza di gambi di amaranto cotti al vapore, tagliati a fette
- -1 cucchiaio di salsa di soia
- -1 tazza di foglie di amaranto
- -1 tazza di germogli di fagioli
- -1 tazza di crescione, tagliato a cubetti

Istruzioni:

-In un wok, scaldare il burro. (Se siete in campeggio, usate una padella, altrimenti portatevi il wok). Cuocete nel wok dopo aver aggiunto tutti gli altri ingredienti. La cipolla, i gambi di crescione, i germogli di fagioli e i gambi di amaranto dovrebbero essere ancora croccanti dopo un breve periodo di cottura, sufficiente per far appassire le foglie e cuocere parzialmente gli altri ingredienti.

-Servire con salsa di soia per insaporire.

3.6 Amaranto e uova

Tempo di preparazione: 5 minuti

Tempo di cottura: 5 minuti

Ingredienti:

- -2 uova sode

-3 tazze di foglie di amaranto e gambi teneri

-Burro

-Un pizzico di paprika

Istruzioni:

-Assicurarsi che le foglie di amaranto non siano amare e che siano fresche. L'amaranto deve essere pulito e tagliato a pezzetti. L'amaranto va aggiunto al burro fuso in una padella di ghisa. L'amaranto deve essere cotto fino a quando non è completamente appassito.

-A fine cottura, guarnire l'amaranto con pezzetti di uova sode e paprika.

3,7 Casseruola del Kansas

Tempo di preparazione: 5 minuti

Tempo di cottura: 30 minuti

Ingredienti:

-2 tazze di materiale per spighe verdi

-½ tazza di fagioli di soia, cotti e schiacciati

-½ tazza di riso cotto

-½ tazza di latte

-1 uovo

-1 spicchio d'aglio, tritato finemente

-2 cucchiai di olio

-Polvere di alghe   , a piacere

Istruzioni:

-Raccogliere   diverse spighe di fiori di coda di gatto quando sono ancora verdi, quindi raschiare la parte verde per scoprire il gambo nudo. Aggiungere a questa sostanza verde il riso cotto e i fagioli di soia cotti e schiacciati. Aggiungete l'uovo, il latte, l'olio, lo spicchio d'aglio tritato grossolanamente e l'alga a piacere. Il tutto deve essere accuratamente combinato e cotto in forno a 250° per circa 30 minuti.

3,8 Insalata estiva dell'Oklahoma

Tempo di preparazione: 5 minuti

Tempo di cottura: 5 minuti

Ingredienti:

-2 tazze di asparagi teneri

-Diverse olive

-½ cucchiaino di paprica

-½ tazza di ceci tritati

-¾ di tazza di crescione tritato

-¼ di tazza di foglie di cipolla, tagliate a dadini

-3 uova sode, tagliate a fette

-½ tazza di foglie di cardo mariano, tritate

-½ cucchiaino di sale

-2 cucchiai di succo di limone

-½ tazza di panna acida

Istruzioni:

-Due tazze di gambi di asparagi delicati vanno cotti al vapore o bolliti. Tagliateli a pezzetti. Raffreddare gli asparagi con le olive e le uova tritate. Quando si è in campeggio e non si ha accesso al frigorifero, questi componenti possono essere messi al fresco in un fiume o in un altro specchio d'acqua. Mettete le uova, gli asparagi e le olive in un contenitore con coperchio e immergetelo nell'acqua. Dopo averla raffreddata, aggiungere le foglie ben selezionate di crescione, cicerchia, cardo e cipolla. Assicurarsi che ogni foglia sia ancora morbida e non abbia un sapore aspro. Aggiungere il sale, la panna acida, la paprica e il succo di limone. La panna acida può essere sostituita con olio, ma il risultato non sarà lo stesso.

-Servite l'insalata subito dopo averla fatta saltare un po'.

3.9 Panino all'amaranto

Tempo di preparazione: 5 minuti

Tempo di cottura: 30 minuti

Ingredienti:

    -1 tazza di farina integrale

    -1 tazza di semi di amaranto

    -1 tazza di latte crudo

    -1 cucchiaino di sale marino

    -3 cucchiai di lievito in polvere

    -1 uovo

    -3 cucchiai di miele

    -3 cucchiai di olio

Istruzioni:

-Raccogliete i semi di amaranto e poi passateli al setaccio per eliminare gli elementi superflui. Utilizzate i semi di amaranto selvatico o di amaranto gigante coltivato. In genere, gli amaranti selvatici hanno semi neri e quelli coltivati hanno semi bianchi. Si utilizzano tutti allo stesso modo e non è necessario macinarli prima di utilizzarli nelle ricette di pane. I semi bianchi hanno un sapore più deciso e sono meno duri di quelli neri. Prima della cottura, i semi possono essere messi a bagno in acqua, anche se non è necessario.

-Mescolare bene tutti gli ingredienti. Per circa 30 minuti, infornare a 300°F in una normale teglia da pane oliata. Mettere l'impasto in una padella oliata e rovesciarvi sopra una padella più grande se si sta cucinando sul fuoco per simulare un forno. Posizionare la padella su una griglia in modo che sia a circa 15 centimetri da un letto di carboni ardenti. La consapevolezza che la sua dieta raffinata è una fonte di cibo molto limitata farà sì che questa ricetta attivi un sentimento istintivo nell'uomo civilizzato.

3,10 Insalata del pellegrino

Tempo di preparazione: 5 minuti

Tempo di cottura: 0 min.

Ingredienti:

- ½ cipolla, tagliata a dadini
- 4 tazze di ceci freschi, sciacquati e affettati
  - Condimento a base di olio e aceto

Istruzioni:

-Raccogliere le piante delicate e sciacquarle con acqua fredda. Disporre su un tagliere e tagliare in pezzi più maneggevoli. Aggiungere la cipolla tritata all'insalata insieme ai ceci. Versare un condimento semplice, composto da olio d'oliva e aceto di sidro di mele in parti uguali, come condimento. Si può cospargere l'erba cipollina e l'aneto per esaltarne il sapore delicato.

3.11 Cicerchia Royale

Tempo di preparazione: 5 minuti

Tempo di cottura: 0 min.

Ingredienti:

-3 tazze di ceci appena raccolti

-¼ di tazza di erba cipollina

-½ tazza di foglie e steli di nasturzio

-¼ di cucchiaino di sale

-2 spicchi d'aglio

-2 cucchiai di olio di cartamo

-½ cucchiaino di salvia in polvere

-2 cucchiai di aceto di sidro di mele

Istruzioni:

-Questa insalata è eccellente. Le verdure per questo piatto sono state raccolte nel giardino di una casa di Los Angeles alla fine dell'inverno. In un'antica area del giardino, è stata trovata una grande macchia di cicerchia che si autoseminava da anni, dove è stata trovata questa magnifica pianta. Allo stesso modo, le foglie di nasturzio provenivano da una pianta che era impazzita e si stava riseminando all'ombra degli alberi. Anche l'erba cipollina non è stata raccolta da un giardino in funzione. Anni dopo essere state piantate, continuano a fornire doni deliziosi senza alcuna manutenzione o aiuto da parte dell'uomo. Ah! Consideratelo! Tutti i cortili e gli spazi non occupati in tutte le terre possono essere facilmente incoraggiati a coltivare questi orti "selvatici".

-Torna alla ricetta; Raccogliere nasturzi e cicerchie apprezzando l'abbondanza di questi gioielli floreali e non come un ladro notturno. Tagliateli a pezzetti dopo averli sciacquati. Tritare l'aglio e l'erba cipollina. Mescolare bene l'insalata dopo aver aggiunto le spezie.

-Questa brillante insalata verde può essere servita insieme alla zuppa di lenticchie e agli hamburger di tonno e soia.

3.12 Tostada di ceci

Tempo di preparazione: 5 minuti

Tempo di cottura: 5 minuti

Ingredienti:

- -1 tortilla di mais
- -1 uovo
- -Olio
- -1/3 tazza di formaggio cheddar o jack, tagliuzzato
- -1 tazza di ceci freschi, tritati
- -¼ di tazza di cipolle verdi, tagliate a dadini
- -½ pomodoro, tagliato a cubetti
- -1/3 di avocado, a fette
- -1 cucchiaio di germogli di semi di chia
- -1 cucchiaino di aglio in polvere
- -Salsa piccante , a piacere
- -1 cucchiaio di panna acida

Istruzioni:

-Questa tostada è meravigliosa. Molte persone hanno indicato le tostade come uno dei metodi preferiti per consumare l'alga. Quando è possibile, la cicerchia è un ottimo sostituto della lattuga. Naturalmente, questa ricetta può essere utilizzata in molti modi diversi, ma se potete, provatela. Poi, sentitevi liberi di essere creativi, proprio come fareste con i pomodori, la lattuga, ecc. di una tipica tostada.

-È meraviglioso preparare una tostada con tortilla di mais, uovo, formaggio, avocado, salsa piccante e ceci. In realtà, è possibile utilizzare uno qualsiasi di questi tre ingredienti (formaggio, avocado o uovo), insieme alla salsa piccante e ai ceci, per produrre una tostada decente.

-Per preparare questo piatto particolare, scaldare prima la tortilla con una piccola quantità di olio nella padella di ghisa. Cuocere l'uovo a bassa temperatura dopo averlo aggiunto. Aggiungere le cipolle tritate e il formaggio quando l'uovo è quasi pronto. Togliere la tostada dalla padella dopo che il formaggio si è sciolto. Le fette di avocado e il pomodoro a fette devono essere disposti sopra la tostada. Aggiungere i germogli e l'erba cipollina, quindi cospargere la superficie con l'aglio in polvere. Quindi, coprire la tostada con la salsa piccante e un cucchiaio abbondante di panna acida, a piacere.

-Servire con una vescica di kelp sottaceto o un peperone jalapeno.

3.13 Stufato di inizio estate

Tempo di preparazione: 5 minuti

Tempo di cottura: 10 minuti

Un tesoro commestibile

Ingredienti:

-Burro, se necessario

    -2 tazze di baccelli di alghe sode

    -1 tazza di cipollotti e bulbi di cipolla selvatica

    -1 tazza di gambi e foglie di portulaca, tagliati a dadini

    -2 pomodori, tagliati a cubetti

    -Polvere di alghe

    -1 tazza di foglie di senape tenere

-Maggiorana, preferibilmente fresca

Istruzioni:

-Scaldare il burro in una padella e soffriggere delicatamente i baccelli di alghe e le cipolle dopo averli aggiunti. I baccelli di alghe devono essere preparati prima di essere tagliati e le cipolle devono essere tritate. Aggiungere i pomodori e la portulaca dopo circa 5 minuti e lasciare soffriggere il composto.

-Aggiungere le foglie di senape, spezzettate, quando tutto è quasi finito. Le foglie di senape devono essere completamente appassite dopo la cottura. Servire con un po' di maggiorana fresca spolverata sopra e una spruzzata di kelp per insaporire.

3.14 Insalata di Richard

Tempo di preparazione: 5 minuti

Tempo di cottura: 0 min.

Ingredienti:

-4 tazze di lattuga fresca di montagna

    -2 cucchiai di olio

Un tesoro commestibile

- Cipolla
- 1 cucchiaino di aneto in polvere
- 2 cucchiai di aceto di vino
- ½ cucchiaino di sale
- 1 cucchiaino di prezzemolo in scaglie
- ½ cucchiaino di paprica
- ½ cucchiaino di pepe

Istruzioni:

- Raccogliere con cura la lattuga fresca e lavare accuratamente le piante per eliminare la sabbia. Mettete la pianta nell'insalatiera dopo averla tagliata a pezzetti. Aggiungete all'insalatiera la cipolla, tagliata a dadini, oppure utilizzate circa 1/3 di tazza di foglie e bulbi di cipolla selvatica.

- Un piccolo contenitore delle dimensioni di un barattolo di spezie può essere utilizzato per combinare e conservare tutti i componenti del condimento. Utilizzate un contenitore resistente se intendete portarlo nello zaino durante il trekking.

- Mescolate bene l'insalata dopo aver aggiunto il condimento e avrete un pasto delizioso. Si può anche aggiungere del formaggio tagliato a dadini. Le verdure possono essere reperite in primavera, il condimento può essere premiscelato e la cipolla può essere portata con sé se si desidera prepararla in campeggio. Anche se questa insalata è ottima da sola, si accompagna bene anche a un panino o a una tazza di zuppa.

3,15 Collina di Burwood

Tempo di preparazione: 5 minuti

Tempo di cottura: 10 minuti

Ingredienti:

-Burro   , se necessario

   -2 cipolle grandi

   -3 patate grandi dorate o rosse

   -3 tazza di senape tenera

Istruzioni:

   -Ungere leggermente una padella di ghisa ancora calda. Tagliare le patate a fette sottili e metterle nella padella. Le cipolle vanno tagliate a fettine sottili e messe sopra le patate. Cuocere lentamente, coperto, fino a quando la carne non sarà quasi morbida. Aggiungere poi le cime di senape lavate e tagliate a pezzetti. Cuocere il tutto fino a cottura ultimata, recuperando il tutto. Prima di servire, aggiungere un po' di formaggio tagliuzzato, se lo si desidera.

   -Nota   : oltre alla senape comune (Brassica spp.), si può utilizzare qualsiasi membro della famiglia delle senape con foglie giovani e sensibili. Questo contiene le foglie di diverse piante, come il ravanello, la borsa del pastore e il crescione.

3,16 Crema di formaggio al nasturzio

Tempo di preparazione: 5 minuti

Tempo di cottura: 0 min.

Ingredienti:

   -1 cucchiaio di foglie di nasturzio, tritate finemente

   -1 mazzo di piccoli ravanelli

-8   oz. di formaggio cremoso

   -1 cucchiaino di succo di limone

-Pane   o cracker

-Istruzioni :

Istruzioni:

-Un mazzo di ravanelli va lavato prima di grattugiarlo, riservandone un paio per la decorazione.

-La crema di   formaggio, le foglie di nasturzio e il succo di limone devono essere uniti rapidamente ai ravanelli. Poiché le foglie di nasturzio tendono a diventare un po' amare dopo un po' di tempo e i ravanelli tendono a perdere la loro consistenza, questa crema dovrebbe essere consumata il più presto possibile dopo essere stata prodotta. Se utilizzata subito, questa crema è davvero meravigliosa.

-Distribuire su cracker naturali e gustare.

3,17 Tagliatelle al trifoglio

Tempo di preparazione: 5 minuti

Tempo di cottura: 5 minuti

Ingredienti:

   -1 tazza di farina di trifoglio

   -5 uova

-4   tazze di farina bianca non sbiancata

-½   cucchiaino di sale

   -1 cucchiaio di olio d'oliva

Istruzioni:

-Mettete   la farina di trifoglio in una ciotola e aggiungete abbastanza acqua da renderla nuovamente umida. Mescolare l'olio, le uova e il sale. Dovreste mangiare una zuppa verde e viscida. Aggiungete la farina bianca fino a ottenere un impasto che tenga insieme. Toglietelo e mettetelo in ginocchio finché non riuscite ad allungarlo senza che si strappi. Lasciare riposare per 30 minuti. Tagliate la palla di pasta in sette o otto palline della stessa dimensione e passatele nella macchina per la pasta. Iniziare con l'impostazione 1 e premere fino all'impostazione 5. Ogni volta che si aziona la macchina, aggiungere farina per evitare che si blocchi.

-Essiccare su apposite rastrelliere per alimenti. Lasciare raffreddare e poi mettere in barattoli di vetro con coperchi stretti. Far bollire per 5 minuti e servire, con del burro sopra, o aggiungere la verdura preferita.

3.18 Zuppa di filarie a cottura lenta

Tempo di preparazione: 5 minuti

Tempo di cottura: 1 ora e 30 minuti

Ingredienti:

-1 grande testa e radice di svasatura

-1 patata piccola, sbucciata e tagliata a cubetti

-1 cipolla media, affettata sottilmente

Istruzioni:

-Lavare bene la testa della filaria ed estrarre i fiori e i frutti. Usare uno spazzolino da denti per strofinare la radice. Riempire la pentola con acqua sufficiente a coprire la filaria. Aggiungere la patata e la cipolla, coprire con acqua e cuocere per 1 ora e mezza a fuoco alto.

Gustare caldo.

3,19 Zuppa di trifoglio

Tempo di preparazione: 5 minuti

Tempo di cottura: 30 minuti

Ingredienti:

- 1½ tazza di cipolle tritate
- 3 tazze di foglie e fiori di trifoglio lavati
- 6 tazze di acqua
- 1 cucchiaino di timo selvatico
- 4 cucchiai di salsa di soia o tamari
- 3 tazze di riso integrale cotto, facoltativo
- Sale a piacere

Istruzioni:

-Mettere le cipolle in acqua e lasciarle cuocere per 20 minuti. Aggiungete tutto il resto, tranne il riso, e lasciate sobbollire per 10 minuti. Si può mangiare come zuppa o aggiungere del riso integrale e cuocerlo fino a cottura ultimata.

3,20 Zuppa di quarti d'agnello di gallina grassa

Tempo di preparazione: 5 minuti

Tempo di cottura: 15 minuti

Ingredienti:

- 1 lb. semi e foglie di agnello, lavati
- 1 cucchiaino di sale
- 1 cipolla grande, tritata

- ¼ di cucchiaino di noce moscata fresca grattugiata
- ¼ di cucchiaio di timo e pepe
  - 2 cucchiai di burro o olio d'oliva
  - 1 spicchio d'aglio, schiacciato
- ½ tazza di latte o acqua
  - 2 cucchiai di farina integrale
  - 2 cucchiai di pinoli
- ½ tazza di panna acida o acqua

Istruzioni:

- Lessare i quarti d'agnello in acqua sufficiente a coprirli per circa 5 minuti, finché non sono morbidi. Aggiungere la cipolla, il sale, il pepe, la noce moscata o i semi. Coprire e lasciare cuocere per 10 minuti. Togliere dal fuoco e lasciare raffreddare.

- Frullare il composto fino a renderlo omogeneo e di colore verde intenso. Frullare nuovamente dopo aver aggiunto l'aglio. In una pentola di medie dimensioni, a fuoco medio, sciogliere il burro. Unire la farina e cuocere per altri 30 secondi. Per ottenere una salsa bianca, aggiungere il latte e poi la panna acida o l'acqua. Mescolare per amalgamare, quindi mettere i quarti d'agnello nelle ciotole, versarvi sopra la salsa bianca e cospargere di pinoli.

3.21 Zuppa di malva delicata

Tempo di preparazione: 5 minuti

Tempo di cottura: 10 minuti

Ingredienti:

- ¼ di tazza di semi di malva neglecta

-1 tazza di foglie di malva neglecta, lavate

-1 cipolla piccola, tagliata a fettine sottili

-2 tazze d'acqua

Istruzioni:

-In una pentola di medie dimensioni, mescolare le foglie e l'acqua. Portare a ebollizione a fuoco medio, quindi spegnere il fuoco, mescolare e coprire. Lasciare riposare per 10 minuti.

-Se volete, potete scolare le foglie e poi aggiungere la cipolla e i semi. Gustare caldo.

3,22 Linguine con salsa di amaranto

Tempo di preparazione: 5 minuti

Tempo di cottura: 13 minuti

Ingredienti:

-2 cucchiai di burro

-3 tazze di latte di soia o di latte vaccino

-4 spicchi d'aglio, schiacciati

-1 tazza di amaranto giovane secco tritato

-4 cucchiai di farina di riso o di grano

-1 lb. di linguine, cotte

Istruzioni:

-Sciogliere il burro in una grande padella e cuocere l'aglio a fuoco basso per circa 10 minuti. Mescolare la farina e il latte in una pentola per ottenere una pasta sottile. Aggiungere il composto di amaranto e farina e riscaldare per circa 3 minuti, fino a quando il composto è liscio e denso. Mettere sopra le linguine e servire.

3,23 Stufato di testa di freccia

Tempo di preparazione: 5 minuti

Tempo di cottura: 4 ore

Ingredienti

- 1 tazza di radici lavate: dente di leone, cardo, sera
- 1 cipolla grande, affettata
- Primula o filaria
- ½ cucchiaino di semi di pizzo della regina Anna
- 14 tuberi di punta di freccia, lavati
- 1 cucchiaino di foglie di timo essiccate

Istruzioni:

- Mettete tutto in una pentola a cottura lenta e aggiungete abbastanza acqua da coprire. Cuocere a fuoco lento per 4 ore, o fino a quando non sarà morbido.

3,24 Insalata di fragole

Tempo di preparazione: 5 minuti

Tempo di cottura: 0 min.

Ingredienti:

- Sale marino e pepe nero, a piacere
- 1 avocado maturo, tagliato a cubetti
- 1 cucchiaio di olio d'oliva
- ¼ di tazza di aceto balsamico
- 1 tazza di fragole, tagliate a fette
- 1 tazza di mozzarella a fette

Un tesoro commestibile

- 1/3 tazza di foglie di basilico
- 1 tazza di pomodori ciliegini, tagliati a fette
- 1/3 tazza di noci pecan, tostate

Istruzioni:

-In una pentola a fuoco medio, aggiungere l'aceto balsamico e portarlo a ebollizione. Mescolare, quindi abbassare la fiamma al minimo e lasciare bollire l'aceto per 8-10 minuti, o finché non si sarà addensato e ridotto della metà. Mettere da parte a raffreddare.

-Mettete le fragole, la mozzarella, i pomodorini, l'avocado, le noci pecan e il basilico in una piccola ciotola o in un piatto. Cospargere di sale e pepe e irrorare con olio d'oliva. Mescolare con cura. Versarvi sopra l'aceto balsamico.

Capitolo 4:
Sopravvivenza in natura

4.1 Tutto quello che c'è da sapere sul foraggiamento in natura

Rimarrete sciccati dalla quantità di cibo disponibile. Per il survivalista che sa dove cercare, l'aria aperta è piena di piante e animali commestibili.

Prima di tutto: Non consumate mai nulla, soprattutto le piante, se non le conoscete bene. Non consumate nulla che non possiate riconoscere. Prima di iniziare a cercare cibo in natura, non solo è necessario avere un libro che vi aiuti a individuare le piante commestibili, ma è anche necessario frequentare un corso di sopravvivenza con professionisti che conoscono bene la regione. Ecco altri suggerimenti su cosa mangiare in caso di smarrimento nella savana da parte dei survivalisti di Alone.

La maggior parte degli insetti è sicura, ma non tutti gli insetti

Breve riassunto delle scienze nella scuola media: Gli insetti hanno un corpo diviso in tre parti, sei zampe e una serie di antenne, oltre a un esoscheletro. Gli aracnidi hanno otto zampe e comprendono ragni, zecche e scorpioni. L'ordine degli insetti Myriapoda comprende millepiedi e centopiedi, come suggerisce il loro nome.

In generale, è possibile consumare insetti, ma è meglio stare alla larga da altri insetti come millepiedi e ragni. Secondo Jordan, i grilli arrostiti hanno un sapore di nocciola, mentre alcune formiche hanno un sapore di limone".

Spiega che spesso si affida a insetti come cavallette e grilli per sopravvivere. Poiché potrebbe essere difficile catturare un animale o un pesce, formiche, termiti, lumache, limacce e lombrichi sono ottime scelte. Basta capovolgere una roccia o un tronco per scoprire cosa si nasconde sotto.

Evitate di mangiare qualsiasi cosa con veleno, anche se può sembrare ovvio. Lasciate perdere se ha un pungiglione o colori vivaci. Tuttavia, gli scorpioni possono essere mangiati senza rischi. Basta avere l'accortezza di rimuovere la coda velenosa prima di arrostire la creatura sul fuoco.

Di solito si dovrebbe lasciare stare tutto ciò che ha più di sei zampe, è estremamente peloso o ha colori vivaci. Altrimenti, Kay consiglia di "immaginare di mangiare un burrito" e di assaggiare qualche creatura croccante a sei zampe.

State lontani il più possibile dai colori vivaci

Questo è un aspetto fondamentale da tenere presente sia per gli insetti che per le altre creature. I colori brillanti di anfibi, piante, animali marini e insetti sono il modo in cui la natura ci avverte di non consumarli. La splendida e pericolosa rana dardo che vive nella giungla ne è un esempio lampante.

"Le cose sono un indicatore se sono luminose, se hanno un rosso vivo e tutto il resto", spiega Jordan. Lasciatevi andare.

Eseguite una ricerca prima di consumare le piante

"Non mangiate mai una pianta che non potete identificare con certezza", consiglia Jordan, che insegna piante medicinali e commestibili nei suoi seminari di sopravvivenza.

Potrebbe essere più difficile distinguere la flora dalla fauna selvatica.

Un tesoro commestibile

Molte volte, anche se due specie vegetali possono sembrare simili, solo una è adatta al consumo umano.

Una guida alle piante commestibili della zona è un ottimo punto di partenza, ma prendendo ulteriori precauzioni si può evitare di consumare qualcosa di dannoso. Scoprire cosa mangia la gente del posto quando visitate un nuovo luogo è uno dei vostri obiettivi principali, e il posto migliore per imparare a conoscere le piante commestibili è tipicamente la conoscenza locale, consiglia Jordan.

Se potete, preparate il vostro cibo

In una situazione di sopravvivenza, ci sono molti motivi validi per preparare il cibo. Innanzitutto, eliminerà la maggior parte dei parassiti che possono essere presenti nell'animale che si sta per consumare. In una situazione di sopravvivenza, ammalarsi è un modo sicuro per mettersi nei guai.

In secondo luogo, ci vuole meno energia per digerire il cibo preparato. In natura, sopravvivere richiede un attento bilanciamento tra il dispendio e il consumo di calorie, oltre a foraggiare e dormire per risparmiare energia. "Non dovreste farlo", consiglia Jordan.

Secondo Jordan, alcuni metodi semplici per cucinare nella savana includono infilzare il cibo e arrostirlo sul fuoco o friggerlo su una pietra calda posta vicino alle braci. Se si ha tempo, si può anche affumicare la carne; secondo Jordan, 48 ore ne prolungano la durata di conservazione da due a quattro settimane. Tuttavia, se si dispone di un contenitore di metallo, la bollitura è il metodo migliore per cucinare in una situazione di sopravvivenza. In questo modo, potrete assicurarvi di non perdere alcun nutrimento essenziale bevendo acqua in seguito.

Un tesoro commestibile

Abituarsi a vermi e molluschi

Potreste dover mangiare lumache, lumache, vermi e altre creature viscide per sopravvivere. Nonostante il nostro abituale disgusto, gli insetti sono piuttosto delicati in termini di sapore e consistenza.

La gente pensa che sia strano mangiare le lumache di banana perché sono scivolose, ma Jordan dice: "Io le ho semplicemente infilate in un bastoncino e le ho messe sul fuoco finché non è caduta tutta la bava. Poi, a patto di togliere le interiora, erano deliziose". Assicuratevi di cuocere tutti gli insetti che mangiate per eliminare eventuali parassiti.

Gli uccelli possono essere mangiati

Si può mangiare qualsiasi uccello, purché lo si spenni e lo si faccia bollire. Gabbiani, corvi e piccioni possono essere mangiati. Può essere difficile catturarli, ma se siete abbastanza fortunati da avere un fucile, non dovreste avere problemi a prendere qualche uccello, e potreste anche riuscirci con una rete.

L'oceano è il vostro più caro amico

La bassa marea è probabilmente la migliore fonte di cibo all'aperto, a parte l'uccisione di un grosso animale da caccia. A seconda del luogo in cui ci si trova, si possono trovare granchi, ostriche, vongole, anguille, piccoli pesci e una varietà di piante marine. Mentre risiedeva sull'isola di Vancouver, Apelian ha consumato 26 specie diverse, la maggior parte delle quali scoperte nella zona interna delle maree.

"Con la bassa marea, ci sarà sempre qualcosa per voi", aggiunge Jordan, che ha consumato molte patelle. "C'è un bel pezzo di carne e basta raschiare con il dito per mangiarle", ha detto.

Si possono mangiare anche gli isopodi, un tipo di crostaceo che si trova sia in acqua dolce che salata. Secondo Apelian, assomigliano a scarafaggi e a casa mia ce n'erano diversi. Avevano una croccantezza particolare perché sono principalmente esoscheletrici, quindi li mangiavo anche se erano un po' difficili da vedere nel mio piatto. Sono comunque abbastanza commestibili.

Non è necessario solo il cibo, ma anche le vitamine.

I minerali e le vitamine ne sono una componente fondamentale, sostiene Hanacek. Afferma che le vitamine idrosolubili, come le vitamine B e C, iniziano subito a scomparire dal corpo. "Quando si inizia a esaurire le vitamine, iniziano ad accadere cose strane al corpo".

Fortunatamente, se si sa cosa cercare, le fonti vitaminiche sono piuttosto diffuse nell'ambiente. Per esempio, si possono far bollire aghi di abete rosso, radici di liquirizia e licheni per preparare un tè. Altre piante, come la rosa canina, sono una fantastica fonte di vitamina C, mentre il pesce bianco è una buona fonte di vitamina B. Granchi e insetti sono entrambi deliziose fonti di calcio.

4.2 Mantenere il foraggiamento di cibo selvatico sicuro e divertente

Quando andate a cercare cibi selvatici per la prima volta, assicuratevi che sappiano che non dovete mangiare nulla senza aver prima chiesto a una persona che sa cosa sta facendo. So che sarete entusiasti di trovare piante commestibili, ma non mangiate mai nessuna parte di una pianta che non siete sicuri di aver identificato correttamente.

Il wishful thinking può verificarsi quando si è troppo impazienti e si fa un'identificazione rapida. Per esempio, potreste voler trovare una certa pianta commestibile e aver trovato qualcosa che, più o meno, assomiglia a quella pianta commestibile, ma potreste sbagliarvi, il che sarebbe negativo. Se non siete sicuri, buttatelo via! Per essere sicuri, assicuratevi di avere la pianta giusta, di raccoglierla al momento giusto e di cucinarla nel modo giusto.

Iniziare con i fatti

Ognuno ha un modo diverso di apprendere che funziona meglio per lui. Jordan è un apprendista attivo, il che significa che impara meglio facendo le cose con le mani e con le orecchie.

Anche molti adulti imparano più velocemente quando hanno con sé sul campo un insegnante o una guida che può insegnare loro e rispondere subito alle loro domande. Preferisco leggere un libro, e ho messo insieme una biblioteca di più di y libri di saggistica e racconti sui funghi, sui cibi selvatici e sulla caccia. Jordan è una persona molto visiva. Usa la sua macchina fotografica per fotografare le cose che vuole conoscere meglio. La maggior parte delle persone, compresi i bambini, può imparare molto sulle piante che possono essere mangiate facendo passeggiate di caccia con un insegnante esperto.

Abbiamo la fortuna di avere diversi insegnanti di cibo selvatico nella nostra zona e ci impegniamo a camminare con loro tutto l'anno per conoscere le diverse cose che possiamo mangiare. Ogni insegnante sarà diverso nel modo in cui insegna e su cosa si concentra.

Stanno uscendo sempre più libri e guide per l'identificazione di piante e funghi selvatici ed è importante trovare quello giusto. Cercate di trovare un libro sulle piante che crescono nella vostra zona. Le piante che crescono nel sud-ovest sono molto diverse da quelle che crescono nel New England. Inoltre, cercate di trovare una guida che si adatti ai vostri hobby, ad esempio un libro su come usare le piante come medicina, un libro su come cucinare con il cibo selvatico, un libro per le famiglie o un libro sulla storia e il folklore della caccia. Alcuni libri sono molto specifici e parlano solo di bacche o verdure, mentre altri sono più generali e parlano meno di piante. Come amante dei libri, mi piace raccoglierne di tutti i tipi e aiutare gli altri foraggiatori e le persone che insegnano a conoscere i cibi selvatici.

Possedere un libro di consultazione è un buon modo per tenere le conoscenze a portata di mano e utilizzarle ogni volta che si ha bisogno di consultare qualcosa. A volte prendo appunti nei miei numerosi libri sulle osservazioni personali che ho fatto sul campo. Le uso come documentazione delle piante e dei funghi che abbiamo visto e mangiato.

Internet sta diventando uno dei luoghi più importanti per ottenere conoscenze. Su Facebook ci sono molti gruppi che si occupano di foraging e di capire che tipo di fungo sia. Questi gruppi offrono aiuto, commenti e immagini. I blog sono un altro ottimo modo per informarsi. Man mano che sempre più persone imparano a conoscere i numerosi benefici e piaceri della raccolta di cibo selvatico, la quantità di informazioni al riguardo è cresciuta, dando a insegnanti e studenti più possibilità di imparare.

Muoversi al proprio ritmo

Quando ho saputo per la prima volta che le piante selvatiche di questa zona potevano essere mangiate, ero molto eccitato e forse un po' troppo impaziente. Ho cercato di imparare tutto in una volta, ma la varietà di cibo era troppo per me. Ora, il primo consiglio che do è di seguire il proprio ritmo e di prendersi il tempo necessario per conoscere ogni pianta o verdura che si può mangiare. Molte delle nostre piante preferite hanno parti diverse che sono commestibili in periodi diversi dell'anno. Per questo motivo, non si può imparare tutto quello che si vuole sapere sul cibo selvatico in un giorno. Bisogna invece dedicare un anno intero a conoscere come ogni pianta cambia con le stagioni. Concentratevi su alcuni alimenti selvatici che vi interessano e osservateli mentre fioriscono in primavera, crescono in estate e producono semi, frutti o noci più tardi nella stagione. In questo modo, sarete in grado di capire quando una pianta non produce nulla da mangiare e ricorderete quando dovrete tornare a raccoglierla. Imparare lentamente evita anche di confondere piante commestibili con altre che potrebbero non esserlo se si cerca di fare troppe cose in una volta sola.

Pensate ai problemi alimentari, alle allergie e alle combinazioni dietetiche. Anche questo è un motivo per iniziare lentamente. Provate una piccola quantità di ogni nuovo alimento per vedere come reagisce il vostro corpo. Una delle nostre piante preferite, l'alga, fa ammalare uno dei nostri amici. Io ho imparato a mie spese che non posso mangiare i boccioli dei fiori di daylily senza passare la notte in bagno. Dovreste provare solo una cosa nuova alla volta, perché se avete una reazione negativa, come diarrea, malessere o una risposta allergica, saprete da quale pianta o fungo stare alla larga in futuro. Pensate a come i farmaci che assumete potrebbero combinarsi con un nuovo alimento.

Sapere dove foraggiare e dove non foraggiare

Spesso ci chiedono dove andiamo a cercare funghi e cibi selvatici. Anche se un cercatore esperto non vi direbbe mai quali sono i suoi "posti", posso darvi alcune idee e consigli su dove andare a caccia e dove no.

Se avete un giardino o un orto a casa, avete un ottimo punto di partenza per cercare cibo. Alcune delle "erbacce" che potreste strappare dalle vostre aiuole o tagliare sul prato davanti a casa sono alimenti che potete mangiare. Diverse piante selvatiche che si possono mangiare crescono meglio in terreni disturbati, come il terreno del vostro giardino che avete appena rivoltato per prepararlo alla semina primaverile. Anche nel piccolo campo di pomodori che abbiamo in un'aiuola rialzata nel nostro appartamento, possiamo raccogliere portulaca, violette, cicerchia, aglio selvatico, acetosella, agnello, trifoglio rosso e malva comune molto prima che i pomodori siano pronti. Anche il confine del vostro giardino con una recinzione o un bosco è un ottimo posto per trovare piante alimentari che amano l'ombra ma che non saranno tagliate dai tosaerba. In genere, in quest'area crescono le bacche. Quando si esce dalla porta di casa per raccogliere le bacche per il dessert o le verdure selvatiche per la cena, è molto piacevole e fa bene al mondo perché non si deve guidare da nessuna parte. Solo se i vostri animali domestici usano il vostro giardino come bagno o se spruzzate sostanze chimiche come erbicidi, pesticidi, fungicidi o fertilizzanti, dovreste evitare di cacciare nel vostro giardino. Se il vostro giardino è troppo piccolo o utilizzate prodotti chimici, potreste andare a trovare vicini, cugini o amici, osservare la loro proprietà e chiedere il permesso di raccogliere qualche pianta selvatica. Molto probabilmente saranno interessati a ciò che state mangiando e potreste persino convincerli a esplorare. Se fate parte di un orto o di una fattoria biologica, potete chiedere di aiutare a "diserbare". Spesso ci sono campi non utilizzati o cumuli di rifiuti che contengono molte piante commestibili di cui la maggior parte delle aziende agricole non si occupa.

Anche in una città con molte persone, si possono trovare luoghi vuoti dove le piante alimentari sono cresciute da sole. I bordi di un campo da calcio o da baseball del quartiere sono spesso pieni di piante selvatiche e cespugli di bacche che sono cresciuti da soli. Le aree aperte, come i giardini dei parchi cittadini e suburbani, sono delimitate da linee di vegetazione che ospitano sia piante che amano il sole sia piante che amano l'ombra. I piccoli centri commerciali possono avere alberi decorativi nei loro parcheggi. Questi alberi sono stati scelti perché hanno bei fiori primaverili e crescono rapidamente. Molti di questi alberi in fiore daranno frutti come prugne, ciliegie o mele di granchio a fine estate o in autunno.

Prima di raccogliere cibo da un terreno altrui, è buona norma chiedere il permesso al proprietario. Potete dire loro che state solo raccogliendo le bacche o i frutti e che non danneggerete il loro giardinaggio.

Alcune piccole città piantano addirittura alberi da frutto lungo le strade. Se raccogliete un piccolo cesto di frutta libera che altrimenti sarebbe caduta a terra, questo si chiama "urban gleaning". Usate il buon senso e state lontani dai luoghi affollati e da quelli in cui i cani possono fare i bisogni.

Nelle zone più lontane, può essere utile cercare cibo lungo il ciglio della strada. Nei luoghi poco trafficati e lungo le strade sterrate si possono trovare noci, frutta e bacche che devono solo essere sciacquate per eliminare la polvere della strada. Nella maggior parte dei casi, i bordi delle strade sono considerati spazi pubblici, ma non fermatevi in un'area che sembra appartenere a qualcun altro. Cercate invece di fermarvi dove potete parcheggiare in modo sicuro.

Nell'entroterra si possono trovare fattorie abbandonate con alberi da frutto selvatici e campi aperti. Tuttavia, bisogna essere consapevoli delle leggi che regolano la violazione dei confini e delle sostanze chimiche pericolose utilizzate in passato nell'agricoltura industriale. Non vi consiglio di andare a caccia lungo una strada trafficata perché l'aria e l'acqua sono contaminate dai fumi delle auto e dalle acque di dilavamento. Come regola generale, mantenetevi a circa 15 metri di distanza dalla strada per evitare la maggior parte dell'inquinamento. Decidete con il vostro buon senso se la caccia lungo il ciglio della strada è una buona idea nel luogo in cui vi trovate. Due luoghi in cui non si dovrebbe mai andare sono i binari ferroviari e le linee elettriche. Per mantenere questi luoghi liberi dalle erbacce vengono spesso utilizzati erbicidi e altre sostanze chimiche pericolose.

Può sembrare una buona idea fare foraging nei parchi regionali, statali o nazionali, ma nella maggior parte dei luoghi vigono leggi che vietano il prelievo di piante selvatiche. Non esiste un'unica serie di leggi che regolamentano il foraging su tutti i terreni pubblici o in tutti i parchi pubblici, quindi chiedete ai ranger o ai gestori del territorio quali sono le norme per i parchi specifici. A volte ci sono delle restrizioni, come ad esempio un chilo di funghi selvatici o una pinta di bacche a persona. Si prega di rispettare gli altri e di attenersi a qualsiasi regolamento scritto; la raccolta di cibo o piante selvatiche non è consentita in nessuna circostanza, anche nei territori protetti o nei santuari della fauna selvatica. Cercate di raccogliere il cibo selvatico in un luogo fuori dai sentieri battuti se avete il permesso di foraggiare o se la legge lo consente in un'area pubblica. Scavare radici o spennare i proprietari su sentieri ben frequentati è irrispettoso nei confronti degli altri escursionisti che stanno semplicemente facendo una passeggiata panoramica, ma raccogliere bacche o qualche fungo non danneggia la bellezza dell'aria aperta per gli altri.

Il foraggiamento di cibi selvatici può essere effettuato sia lungo le coste interne che lungo quelle costiere. Non entrate in spiagge o terreni privati; le coste sono spesso considerate proprietà pubblica fino alla linea dell'alta marea. In riva al mare si possono raccogliere piccole prugne da spiaggia tolleranti la salsedine, salicornia e altre piante apparentemente strane e un po' salate. I "fianchi" sani che le rose Rugosa producono possono essere raccolti in abbondanza (spine!) e si possono trovare spesso le bacche di alloro, che contengono foglie che possono essere utilizzate come spezie simili alle foglie di alloro in commercio. I gattucci possono crescere in gran numero intorno ai corpi d'acqua dolce dell'entroterra, mentre i cespugli di bacche e i piccoli alberi da frutto crescono vicino alle fonti d'acqua tutto l'anno. È fondamentale essere consapevoli delle condizioni generali della qualità dell'acqua, se si sta facendo un'attività di foraggiamento vicino all'acqua. Evitate le acque stagnanti, le località costiere con allarmi di alta carica batterica, i corsi d'acqua sporchi e le aree portuali affollate.

Anche gli stagni o i laghi vicini a campi coltivati economicamente dovrebbero essere evitati, poiché potrebbero contenere depositi significativi di pesticidi o altri scarichi chimici. Molte piante selvatiche commestibili possono essere trovate in quasi tutti i luoghi. Iniziate a identificare e trovare le piante in un luogo che conoscete, e presto vi ritroverete a osservare le piante selvatiche anche quando vi trovate in un ambiente completamente sconosciuto. Durante i rigidi inverni del New England, spesso ci rechiamo in una destinazione calda e tropicale per le nostre vacanze. Abbiamo raccolto e consumato una varietà di frutti e bacche dalle foreste e dalle spiagge dei Caraibi e delle Hawaii, esponendoci alla flora e alle cucine autoctone. Se anche voi avete la nostra stessa passione per il foraging, potrete scoprire che i vostri viaggi saranno più gustosi ed emozionanti grazie alla ricerca di cibi raccolti in vari ambienti.

Come riconoscere in modo sicuro le piante commestibili

All'inizio potrebbe risultare difficile identificare le piante o i funghi. Numerosi manuali utilizzano il gergo botanico per spiegare lo sviluppo e le caratteristiche delle piante; con il tempo e la ripetizione, vi abituerete a queste prime frasi straniere e sarete in grado di identificare le piante con facilità. Anche se sembrerebbe più semplice abbinare semplicemente le immagini o le illustrazioni alla pianta che si desidera identificare in un libro, le osservazioni e le descrizioni testuali devono concordare per un'identificazione sicura, soprattutto se si intende servire la pianta alla propria famiglia.

Iniziate trovando e osservando una pianta che avete riconosciuto da un libro di piante commestibili per fare un'identificazione preliminare. Esaminate i frutti eventualmente presenti, l'ambiente in cui cresce l'esemplare, i fiori (se è in fiore), la forma e il disegno delle foglie, se le parti della pianta sono glabre o finemente pelose e il profumo delle varie parti della pianta. Evitate di cercare di distinguere una pianta da una sola caratteristica. Utilizzate una serie di fonti affidabili per aiutarvi nell'identificazione. Inoltre, consiglio di cercare molti esemplari in un luogo, in modo da poterne confrontare la crescita nel caso in cui ci si imbatta in una variante strana o malformata di una pianta.

Preparate la vostra pianta secondo le istruzioni e solo se siete molto sicuri che sia commestibile, riconosciuta con precisione e nel giusto stadio di sviluppo per il consumo, provate una piccola quantità per valutare la vostra reazione prima di consumarne una quantità sostanziale.

Anche se sarete entusiasti di aver scoperto una pianta selvatica commestibile, vi consiglio di fare un po' di attenzione, soprattutto per le famiglie con bambini piccoli e per i principianti. Infatti, a volte ci sono dei sosia delle tipiche piante selvatiche commestibili che non hanno un buon sapore o sono addirittura dannosi o velenosi. In questo libro, cercherò di stare alla larga dalla maggior parte delle piante che contengono sosia dannosi, che dovrebbero essere provati solo da foraggiatori più esperti, e mi concentrerò invece su prelibatezze popolari e sicure.

Un tesoro commestibile

Non potrò mai sottolineare abbastanza che diventare una famiglia esperta e sicura di sé nella ricerca di cibo selvatico richiede tempo, pazienza e pratica. Conosciamo l'identità di molte piante selvatiche commestibili della nostra zona da più di 10 anni. Abbiamo abbastanza esperienza nell'osservazione e nell'identificazione da poter tentare con sicurezza l'identificazione di piante a noi estranee usando libri, cercando istruttori di cibo selvatico e utilizzando risorse internet quando visitiamo diverse parti degli Stati Uniti continentali. Quando visitiamo località tropicali, cerchiamo guide e risorse locali per capire e identificare le piante e i frutti commestibili che possiamo incontrare. Il mio interesse per il foraging di cibi selvatici mi mantiene sempre interessato, soddisfatto ed entusiasta delle nostre scoperte nei boschi locali e durante le vacanze. Spero sinceramente che anche voi possiate godere dei potenziali benefici di cibi selvatici sani e gratuiti.

Capitolo 5:
Esplorando i nuovi orizzonti

Il Nord America è il terzo per estensione. Le cinque aree geografiche distinte del Nord America sono i Caraibi, lo scudo canadese, le grandi pianure, l'est montuoso e l'ovest. Mentre i bassifondi e le pianure costiere del Messico e dell'America centrale si estendono nella parte orientale del continente, la loro costa occidentale è collegata all'area montuosa dell'ovest.

In queste aree si possono trovare tutti i tipi di bioma primari del mondo. Un bioma è un gruppo di creature e piante che abitano una vasta regione con un ambiente per lo più costante. Il deserto, la tundra, le praterie e le barriere coralline sono solo alcuni dei numerosi biomi presenti in Nord America.

5.1 L'artigianato selvaggio nelle montagne del Nord America

Tutta la famiglia si divertirà a conoscere i rigogliosi dintorni delle Smoky Mountains. Potrete trovare gli abbondanti alimenti della natura facendo un'escursione per osservare i vivaci fiori selvatici, rilassandovi in una cascata segreta o esplorando i vecchi boschi degli Appalachi. C'è del cibo delizioso e genuino davanti a voi, e raccogliere il vostro cibo tornando in contatto con la natura è intrinsecamente appagante.

Nella cultura odierna, l'artigianato selvaggio potrebbe sembrare superfluo o riservato alle persone che vivono fuori dalla rete o nel passato. Ma è vero soprattutto il contrario. È una caratteristica di tutte le persone. Con lo sviluppo dell'agricoltura e, più recentemente, con l'industrializzazione dell'agricoltura, la pratica del Wildcrafting ha iniziato a prendere piede in tutta la nazione.

Nelle Smoky Mountains si trovano alcuni dei boschi più vari del mondo. È stato ipotizzato che una parte significativa dei farmaci presenti nella nostra attuale farmacopea sia stata inizialmente prodotta da specie vegetali indigene e trasportate dagli Appalachi.

Si ritiene che le tribù di nativi americani locali, tra cui i Cherokee, gli Shoshone e i Catawba, comunicassero tra loro sul mondo naturale centinaia di anni fa. Descrive come ci sia stata una condivisione di culture all'arrivo dei nuovi arrivati. "Quando gli immigrati europei arrivarono in Appalachia, portarono con sé le competenze europee in materia di erbe e alcune conoscenze sui rimedi.

Varietà di erbe, funghi e bacche presenti nelle montagne del Nord America

- **Dente di leone selvatico**

L'intera pianta di tarassaco è commestibile. Raccogliete le foglie più giovani e verdi, che spesso si trovano al centro del mazzo, se lo utilizzate in un'insalata o in un soffritto. Evitate di aggiungerne troppe. In caso contrario, il pranzo avrà un sapore amaro. Aggiungete i fiori per dare colore e croccantezza. Inoltre, il dente di leone è un'erba benefica per il fegato. Inoltre, le radici possono essere fermentate per ottenere una potente bevanda o mangiate.

- **Cicerchia**

Nella Carolina del Nord, la cicerchia è forse la più tenera e gustosa di tutte le piante commestibili. Ha un forte sapore di spinaci. Di conseguenza, funziona bene come base per un'insalata o può essere stufata e mangiata da sola. Cercate la cicerchia in primavera e in autunno, poiché preferisce i climi più freddi dove può crescere. Quando i fiori sono in piena fioritura, è bene consumare questa gustosa pianta.

- **Redbud**

I fiori di Redbud conferiscono a qualsiasi piatto o insalata un sapore delizioso e hanno un gusto simile a quello dei piselli. Inoltre, sono ricchi di vitamina C e il loro colore vivido conferisce a qualsiasi piatto una bella estetica.

- **Cipolle selvatiche (scalogno)**

Gli scalogni hanno steli arrotondati e praticamente cavi e possono crescere in gruppi o come germogli solitari. Sia i gambi verdi che la radice bulbosa sono appetitosi. Inoltre, se avete dell'olio d'oliva a portata di mano, combinatelo con funghi selvatici e aglio per ottenere un piatto delizioso.

- **Violette selvatiche**

In generale, le violette selvatiche si trovano in luoghi ombreggiati. Le loro foglie hanno un sapore delicato, perfetto per attenuare i sapori più forti di altre verdure. I fiori commestibili danno inoltre un tocco delizioso a qualsiasi insalata.

- **Funghi ostrica**

Con il loro aspetto floscio, simile a quello di un'ostrica, questi gioielli ricchi di sostanze nutritive sono pieni di vitamine, fibre, minerali e altri componenti vitali. Si possono trovare lungo tutto l'Appalachian Trail e sono un'aggiunta deliziosa a qualsiasi soffritto di aglio e cipolle. Tenete gli occhi aperti: di solito li trovate su tronchi o tronchetti.

5.2 L'artigianato selvaggio nei laghi del Nord America

I laghi sono ecosistemi d'acqua dolce che ospitano una vasta gamma di esseri viventi. Alcune delle loro parti più vitali sono fotosintetiche, il che consente loro di produrre ossigeno e nutrimento in presenza di sufficiente luce solare. Si tratta di fitoplancton, alghe, cianobatteri e, naturalmente, piante. L'equilibrio ecologico dei sistemi lacustri autosufficienti dipende in larga misura dalla presenza di piante.

Le piante d'acqua dolce si trovano in diverse zone o profondità in tutti i laghi del Nord America, grandi o piccoli che siano. Spesso sono più diffuse lungo i fondali che ricevono la luce diretta del sole, dove i loro steli si estendono verso la superficie dell'acqua, e lungo i bordi e i margini, dove la profondità dell'acqua varia. La loro posizione nel lago e le funzioni che svolgono per mantenerlo pulito e privo di tossine sono correlate.

Per esempio, quelle sul fondo del lago possono essere cruciali ossigenatori, mentre quelle più vicine alla spiaggia possono aiutare a prevenire l'erosione. Quando sono presenti in concentrazioni regolamentate e quando i vettori che le diffondono sono ridotti, le piante d'acqua dolce sono particolarmente vantaggiose. Purtroppo le specie invasive si stanno diffondendo sempre di più nella regione dei Grandi Laghi. Questo elenco comprende sia le specie autoctone che quelle invasive, per sensibilizzarvi ogni volta che visitate un lago del Nord America.

- **Coda di cocco**

Un tesoro commestibile

Questa comune pianta acquatica, che ha guadagnato una notevole popolarità nel settore dell'acquariofilia, è nota per la sua rapida crescita in corpi d'acqua dolce con alti livelli di nutrienti. I suoi steli verde brillante possono raggiungere un'altezza di 3 metri se ricevono un ampio soleggiamento, un flusso d'acqua e temperature confortevoli tra i 15 e i 30 C (59 e 86 F). Da una singola pianta sana possono crescere diversi rami laterali, che le conferiscono un aspetto cespuglioso.

La coda di rospo o hornwort si riconosce per i suoi vortici di foglioline filiformi e piumose, che si trovano spesso nelle zone emergenti che si allagano regolarmente o nelle zone palustri sommerse. Si diffonde soprattutto per frammentazione, quando pezzi di fusto si separano e poi radicano in substrati fertili.

Inoltre, il cocktail può espellere sostanze biochimiche che possono impedire la crescita delle piante autoctone. La pianta è incredibilmente competitiva grazie a questi composti e alla sua capacità di diffondersi vegetativamente. Se tenete questa specie nel vostro acquario o laghetto, sarebbe opportuno prendere ulteriori precauzioni per evitare che finisca nei corsi d'acqua aperti.

- **Alga comune**

Questa alga sommersa, spesso chiamata alga canadese, è una perenne che richiede poca manutenzione. Fiorisce meglio nei climi freddi con luce solare diretta. Le parti di una pianta matura possono vivere come esemplari liberi di galleggiare, ma se entrano in contatto con i substrati giusti, possono alla fine mettere radici. Quando sono presenti alla giusta densità, contribuiscono a mantenere l'acqua pura e priva di sostanze nutritive aggiuntive.

Un tesoro commestibile

L'alga comune può rimanere verde per tutto l'inverno. I suoi germogli possono sopravvivere anche in presenza di ghiaccio! I rami fertili possono produrre piccoli fiori con fino a tre petali bianchi ciascuno in estate. Sono portati da tubi lunghi fino a 30 cm ma larghi solo 1 mm, il che li rende probabilmente i fiori acquatici più sottili. Queste insolite fioriture si trovano tipicamente a galleggiare sulla superficie di corsi d'acqua placidi, dove possono infine crescere in frutti che assomigliano a capsule.

- Pungitopo **eurasiatico**

M. spicatum, una specie con abitudini prevalentemente sommerse, è una delle piante acquatiche più notoriamente invasive del Nord America. In alcuni dei sistemi lacustri più produttivi, è presente in diversi fiumi e ha superato decine di specie acquatiche autoctone. Il termine infestazione è spesso usato per descrivere le sue colonie mature. Possono causare la trasformazione dei laghi in pozze d'acqua stagnanti ostruendo l'ossigeno, la luce solare e il flusso dell'acqua con le loro dense chiome.

Il millefoglio d'acqua è stato portato nel continente attraverso l'acqua di zavorra, il commercio di acquari e altri mezzi di trasporto acquatici. Può generare steli lunghi fino a 6 metri. Sebbene prediliga acque poco profonde, i laghi le permettono di svilupparsi in profondità, poiché può sopravvivere a profondità fino a 3 metri. Le foglie simili a piume e gli steli rossastri di questa specie, che sono raggruppati in verticilli di quattro foglie ciascuno, la distinguono dalle altre specie.

5.3 L'artigianato selvaggio nelle pianure del Nord America

L'ambiente delle praterie si trova nelle Grandi Pianure del Nord America, che costituiscono circa il 25% del continente. Le praterie ospitano un'ampia varietà di piante e animali e costituivano il più grande ecosistema continuo del continente prima dell'arrivo degli europei. Con un numero relativamente basso di alberi o arbusti legnosi, il paesaggio è dominato da erbe e piante aromatiche, note anche come fiori selvatici o erbacce.

In Nord America, le praterie si trovano quando le piogge sono troppo abbondanti per essere considerate un deserto, ma non abbastanza per sostenere foreste, boschi o alberi. Le praterie sono dominate da erbe autoctone con radici forti e una lunga stagione di crescita. Le praterie sono di tre tipi diversi.

Le pianure di shortgrass si trovano a ovest, dove le Montagne Rocciose proiettano l'"ombra della pioggia" e fanno crescere le piante fino a un'altezza di circa due metri. Le praterie di erba alta, con vegetazione che può raggiungere un'altezza di oltre due metri, si trovano a est, un'area che riceve molte precipitazioni. A seconda delle caratteristiche della topografia, nel mezzo crescono praterie miste con una gamma di specie di erbe e altezze diverse.

Le erbe, che si presentano in diverse varietà, sono la vegetazione più diffusa nella prateria. L'Andropogon gerardi, il Sorghastrum nutans e il Panicum virgatum sono le specie dominanti nelle praterie di alto fusto. Specie più corte come la grama blu (Bouteloua gracilis) e l'erba bufalo (B. dactyloides) si trovano nelle regioni più aride.

La maggior parte delle erbe della prateria ha un apparato radicale esteso e fibroso. Di conseguenza, la pianta può accedere a notevoli riserve d'acqua e immagazzinare energia nelle radici. Queste radici permettono alle erbe di riprendersi rapidamente dal pascolo o dall'incendio, consentendo alla pianta di produrre nuovo tessuto fogliare. Inoltre, le radici profonde migliorano la struttura del suolo e impediscono all'erosione di rimuovere il terreno superiore.

Oltre a una varietà di fiori selvatici, le praterie ospitano oltre 300 specie floreali. Diverse creature (ad esempio gli insetti) che dipendono dalle foglie o dai fiori per il loro sostentamento trovano in queste piante un habitat importante.

Grande albero blu

L'erba delle stagioni calde big bluestem cresce nei due terzi orientali degli Stati Uniti. Cresce ovunque, dalle brevi pianure erbose del Midwest alla pianura costiera, dove fornisce naturalmente combustibile per gli incendi. Per quanto riguarda le piante blu, questa specie è grande e forte. Le piante mature di solito raggiungono i 6-8 piedi di altezza. Le radici sono corte e ruvide e le foglie hanno un colore che va dal giallo-verde chiaro al rosso scuro. A differenza di altre piante blu, la testa dei semi di questa specie è ruvida e non soffice. La maggior parte delle teste dei semi ha tre spighette che assomigliano alle zampe di un tacchino.

È una specie di erba matura, spesso chiamata "Big Blue". Tuttavia, può crescere in un'ampia gamma di terreni ben drenati e si adatta bene a luoghi con bassa fertilità. Il Big Blue viene spesso piantato per fermare il ruscellamento, anche se la sua crescita può essere lenta. Una volta che si è affermata, però, è un ottimo modo per mantenere stabili i luoghi sabbiosi. Questa pianta naturale è anche una buona scelta per il foraggio da pascolo, perché ha un buon sapore per gli animali. Come le altre bluesteme, il Big Blue è un luogo ideale per la fauna selvatica. Le quaglie Bobwhite e altri uccelli che nidificano a terra usano questa erba per costruire nidi e nascondersi mentre mangiano. Nell'ambiente dei pini longleaf, il big bluestem annuale contribuisce a fornire il carburante fine e scintillante di cui l'ecosistema ha bisogno per mantenersi in salute.

Capitolo 6:

Piccole abitudini per la vita quotidiana

6.1 Osservare la natura

Una delle abitudini più produttive che si possano sviluppare è quella di dedicare del tempo alla natura. È stato dimostrato che l'esposizione regolare alla natura ha un'ampia gamma di effetti positivi, e l'implementazione nella vostra routine quotidiana può migliorare il vostro benessere fisico, mentale ed emotivo.

Si può sviluppare un'abitudine significativa e illuminante di connettersi con la natura iniziando in piccolo, creando una routine, scoprendo attività che si amano, interagendo con gli altri e riflettendo sulle proprie esperienze. Mantenere la motivazione potrebbe essere più facile concentrandosi sui vantaggi che ci si aspetta di ottenere.

Se siete più consapevoli di ciò che vi circonda e delle sensazioni che provate quando siete all'aperto, potete iniziare a fare un piccolo passo per approfondire il vostro legame con la natura. Prendetevi un po' di tempo per praticare l'osservazione attenta mentre osservate i panorami, i suoni e i profumi del mondo naturale. Cercate forme, consistenze e colori insoliti, così come la fauna locale. Ogni giorno, anche solo per un po' di tempo, staccatevi dagli schermi e dalla tecnologia e sforzatevi di trascorrere tutto il tempo che potete per essere presenti nel momento.

Scegliete un luogo nella natura che vi piaccia e che sia facile da raggiungere. Andate lì e sedetevi, state in piedi o passeggiate usando i sensi per cogliere l'ambiente attraverso l'osservazione, il profumo e l'ascolto. In questo modo vi sentirete più in sintonia con la natura.

6.2 Aggiungere erbe selvatiche ai pasti

Le erbe selvatiche sono versatili e deliziose; rinvigoriscono e disintossicano l'organismo. I nostri predecessori ne erano consapevoli e utilizzavano spesso le piante selvatiche, ma nel tempo questa pratica si è modificata. Forse perché siamo abituati a mangiare sempre gli stessi alimenti: oggi una trentina di piante soddisfano il 95% del fabbisogno alimentare mondiale. Mangiare piante spontanee amplia la varietà di nutrienti e di altri ingredienti benefici per la salute che otteniamo attraverso il cibo e ci permette di riscoprire i sapori sorprendentemente deliziosi di un tempo.

Le piante selvatiche più comuni che possono essere utilizzate in cucina sono le seguenti:

Ortica

Contiene molte proteine, minerali, vitamine e aminoacidi. Indossate i guanti prima di maneggiarlo e preparatelo come fareste con gli spinaci.

Verdolaga

Prospera in ambienti soleggiati e umidi. Le sue foglie delicate sono carnose e saporite, e hanno un sapore meraviglioso nelle insalate sia fresche che cotte. È una fantastica fonte di vitamina C, è energizzante e depurativa e abbassa i livelli di colesterolo.

Dente di leone

Le sue foglioline, sia crude che cotte, depurano l'organismo, lo riforniscono di vitamine, proteggono il fegato e rendono più luminosa la pelle. Come i capperi, i suoi boccioli vengono messi in salamoia.

6.3 Passeggiate quotidiane

La salute generale può essere migliorata o mantenuta camminando. L'esercizio quotidiano di soli 30 minuti può migliorare la forma cardiovascolare, rafforzare le ossa, aiutare a ridurre il grasso corporeo e costruire la forza muscolare. Inoltre, può ridurre la possibilità di contrarre malattie come il diabete di tipo 2, l'osteoporosi e diversi tipi di cancro. Camminare è un'opzione di fitness a costo zero che non richiede esperienza o attrezzature specifiche. La salute può essere migliorata praticando un'attività fisica anche se non faticosa o prolungata.

Camminare è un esercizio a basso impatto che non richiede attrezzature, è un'attività che si svolge 24 ore su 24, 7 giorni su 7 e può essere svolta alla propria velocità. Si può fare una passeggiata all'aperto senza preoccuparsi dei rischi legati a certi tipi di esercizio più faticosi.

Per le persone anziane, obese o che non fanno attività fisica da tempo, camminare è un ottimo tipo di esercizio.

Camminare non significa solo passeggiare da soli per le strade del proprio quartiere. È possibile utilizzare una varietà di gruppi, luoghi e tecniche per rendere la camminata un aspetto divertente e socievole della propria vita.

6.4 Coltivare un orto

Avere un orto può essere soddisfacente. Avere un orto e un giardino di erbe aromatiche vi permette di scegliere verdure fresche direttamente dal vostro giardino. La coltivazione di erbe e verdure non richiede una grande azienda agricola. È possibile coltivare un'ampia varietà di piante in casa e in piccole aree.

Un orto è un modo semplice per risparmiare, mantenersi attivi e avere accesso a verdure ed erbe fresche.

Non c'è niente di meglio che mordere un pomodoro maturo appena colto o sgranocchiare dei fagiolini passeggiando nell'orto. Quando coltivate il vostro cibo, potete sperimentare una serie di piaceri, tra cui il sapore.

Molti dei tipi di erbe e verdure che si trovano nei supermercati sono stati modificati per la coltivazione industriale. Questi ceppi sono stati creati per produrre una maggiore resa per pianta, avere una durata di conservazione più lunga, essere pronti per la raccolta tutti insieme, essere uniformi nella forma e nelle dimensioni, essere trasportati senza ammaccature e spesso terminare la maturazione sui camion durante la spedizione attraverso la selezione e l'allevamento di particolari caratteristiche. L'ibridazione può influire sul sapore anche dei prodotti biologici acquistati. Un pomodoro appena colto da una pianta del vostro giardino non può essere paragonato al sapore e alla consistenza di un pomodoro acquistato al supermercato.

6.5 Preparare tisane con erbe selvatiche

Da tempo utilizziamo erbe aromatiche e medicinali per esaltare il sapore dei nostri cibi e per curare piccole malattie. Questa pratica fa parte della cultura popolare.

Poiché le tisane non contengono teina, si possono bere tutto l'anno senza preoccuparsi dei loro effetti stimolanti. Grazie ai numerosi benefici che ogni sorso di tisana offre, sono bevande perfette. Ad esempio, sono un modo sano e naturale per mantenersi idratati, poiché forniscono l'esatta quantità di liquidi di cui il nostro corpo ha bisogno. Inoltre, ogni elemento ha qualità uniche che possono contribuire al mantenimento della salute dell'organismo.

Uno dei tipi di tisana più conosciuti al mondo è la camomilla. È adorata come tisana notturna ed è nota per i suoi effetti rilassanti. È un componente chiave dei trattamenti naturali contro il raffreddore e viene utilizzata per lenire il corpo.

Semplice da preparare, il gusto delicato della camomilla si sposa magnificamente con varie spezie ed erbe. I fiori freschi vengono utilizzati per esaltare il sapore delle tisane fatte in casa. Nulla vieta di produrre questo tè da zero, perché la camomilla è semplice da coltivare in qualsiasi giardino.

Nel calcolare il rapporto tè/acqua, ricordate che è necessario 1 cucchiaio di camomilla per 1 tazza d'acqua. Dopo di che, scalare questa ricetta per ottenere una porzione appropriata è semplice.

Portare l'acqua a ebollizione sul fornello o in un bollitore. Dopo la cottura, mettere i fiori di camomilla in un bicchiere o in una teiera e riempirla d'acqua. Lasciare in infusione per quattro o cinque minuti. Gustare la tisana dopo averla filtrata dal pentolino.

6.6 Documentazione dei risultati

Consigliamo vivamente di tenere un diario se vi impegnate a fare foraging e a sviluppare le vostre abilità. Tenete traccia dei luoghi in cui avete fatto i vostri acquisti, degli individui simili in cui vi siete imbattuti e delle tendenze stagionali. Annotate i luoghi visitati, le piante scoperte e i piatti provati. In questo modo potrete condividere le vostre esperienze con gli altri e conservare un ricordo vivido del vostro viaggio.

6.7 Fare picnic all'aperto

Trascorrere del tempo all'aperto è utile alla famiglia per una serie di motivi. Oltre a fare esercizio fisico e a prendere aria fresca, i bambini possono spesso esplorare i loro limiti giocando all'aperto.

Stare nella natura può aiutare i bambini a sviluppare la loro autostima, incoraggiare un'immaginazione attiva e dare loro la possibilità di confrontarsi attivamente con una serie di stimoli diversi dalle loro esperienze quotidiane.

Inoltre, alcuni studi hanno dimostrato che trascorrere del tempo all'aria aperta riduce significativamente i livelli di stress sia negli adulti che nei bambini. Il tempo trascorso nella natura aiuta la nostra attenzione a concentrarsi naturalmente, poiché ci sono meno distrazioni che il nostro cervello deve filtrare, il che riduce la tensione, la stanchezza e la preoccupazione.

Fare picnic all'aperto in luoghi naturali, come parchi o aree boschive, è un'ottima idea per divertirsi e rilassarsi. Potete portare con voi il vostro cibo preparato con ingredienti freschi e selvatici, per gustare un pasto in armonia con la natura.

6.8 Condivisione della conoscenza

Un tesoro commestibile

La condivisione della conoscenza è uno scambio bidirezionale di concetti e dati che può influenzare il modo in cui i team apprendono. Comporta la raccolta, l'organizzazione, il riutilizzo e la diffusione della conoscenza tacita, che a volte viene definita come la comprensione implicita delle proprie azioni.

Organizzate incontri o sessioni per condividere le vostre conoscenze sul foraging di piante selvatiche con amici o familiari. Potete insegnare loro le basi e mostrare loro come identificare e raccogliere in sicurezza le piante commestibili. Condividere le conoscenze rende più facile ricordare ciò che si è appreso. La mente subconscia conserva istintivamente le conoscenze quando si è seduti in gruppo e quando si esprimono le proprie opinioni e i propri punti di vista, questo permette di conservare le informazioni.

Discutere delle proprie conoscenze e trasmetterle agli altri è un ottimo modo per ispirare se stessi e gli altri. Gli individui sono ispirati e il loro entusiasmo si accende. Le parole gentili di incoraggiamento e le conoscenze utili che vengono scambiate contribuiscono allo sviluppo reciproco. Condividere le proprie informazioni ha un impatto induttivo su altre persone, il che favorisce l'espansione delle conoscenze di entrambi.

6.9 Ridurre i rifiuti

Lo spreco di cibo è un problema importante. Fino al 40% del cibo consumato negli Stati Uniti non viene consumato. L'impegno a cucinare a zero rifiuti in cucina è una strategia per affrontare il problema dello spreco alimentare individuale.

Definire una strategia, organizzarsi e fare acquisti intelligenti sono le prime fasi per ridurre gli sprechi alimentari. La fase successiva della cucina a spreco zero consiste nell'affrontare il cibo in modo completamente diverso, come se non ci fosse un cestino. Pensate con attenzione. Siate fantasiosi. Utilizzate le componenti degli ingredienti in modi nuovi. Soffriggere le foglie, mettere in infusione le erbe avanzate in acqua calda per ottenere un tè e disidratare le bucce per creare miscele di spezie sono tutte alternative al buttare via le cose. Tutto può essere utilizzato se ci si pensa un po' di più. Ecco solo alcuni dei numerosi usi per ogni componente del vostro pasto.

Per accelerare la cottura, i gambi fibrosi di piante come le bietole e il cavolo riccio vengono spesso rimossi prima di tagliare le foglie. Ma si possono mangiare anche i gambi. Metteteli nelle zuppe, riduceteli in purea nei frullati o tritateli e friggeteli. Allo stesso modo, potete usare le foglie di tarassaco per preparare un'insalata o le bacche di sambuco per fare un delizioso sciroppo.

6.10 Coinvolgimento dei bambini

Secondo le ricerche, i bambini che imparano a conoscere il cibo hanno maggiori probabilità di prendere buone decisioni da adulti. Imparare a conoscere le origini e la crescita del nostro cibo è possibile grazie al foraging. È un ottimo modo per trascorrere del tempo all'aperto con gli amici e la famiglia. Se avete figli o nipoti, coinvolgeteli in attività di foraging e nella scoperta di piante selvatiche commestibili. Insegnate loro l'importanza del rispetto per la natura e del cibo sano, stimolando la loro curiosità e il loro legame con il mondo naturale. Ma se siete in giro a fare foraging con un bambino piccolo, dovete assicurarvi che sappia cosa è giusto raccogliere e cosa deve lasciare stare. Ci sono molti cibi gustosi da mangiare tra le siepi e gli alberi, ma non tutti sono salutari per l'uomo. Esistono diverse varietà di bacche tossiche e numerose specie di funghi che potrebbero nuocere gravemente. Aiutate il vostro bambino a identificare gli alimenti sicuri mentre lo addestrate al foraggiamento e assicuratevi che non venga consumato nulla prima di averlo fatto insieme.

Conclusione

Spesso ci sentiamo a casa quando siamo nella natura. Se lo permettiamo, tutta l'artificiosità delle vite che ci siamo costruiti nelle nostre città e paesi viene meno. Mettiamo da parte i tosaerba e i giardini immacolati per ammirare la bellezza casuale e disordinata di Madre Natura. Il suono degli uccelli e la fresca aria di montagna prendono il posto del suono delle sirene e della puzza dei gas di scarico. Scambiamo volentieri la nostra posizione nella corsa dei topi con possibilità illimitate, scoperte e avventure nella natura selvaggia che preferiamo. I "Jones" che seguivamo non si trovano in questa zona. C'è un motivo per cui il settore delle attività ricreative all'aria aperta è così vasto e per cui così tante persone trascorrono il loro misero tempo di vacanza annuale fuggendo nella savana nei fine settimana. La natura selvaggia è necessaria all'uomo. La semplicità è importante. Svegliarsi, bere, mangiare, esplorare, rilassarsi davanti al fuoco e ripetere.

È una delle bellezze della vita selvaggia che ci ricorda quanto poche cose siano necessarie per essere perfettamente felici. Sono fortunato ad aver provato questa emozione in prima persona, perché vivo quasi solo per perseguirla. Uno dei miei obiettivi è ispirare gli altri ad avventurarsi nella natura selvaggia di loro scelta e a provare questa sensazione. In effetti, incoraggio le persone ad acquisire abilità di sopravvivenza nella natura selvaggia per convincerle ad alzarsi dal divano e uscire all'aperto, ma la vera motivazione è che voglio che sperimentino questa semplicità e questo senso di appartenenza. Condividere questa sensazione con parenti e amici non può che renderla migliore. Concludo esortando tutti a dedicare un po' di tempo all'esplorazione e all'apprezzamento delle nostre regioni naturali. Tutti dovrebbero includere le montagne, i laghi e le foreste del Nord America nella loro lista di cose da fare, perché sono dei gioielli.

Spero che passerete più tempo a esplorarlo, anche se si tratta solo di un piccolo bosco nelle vicinanze. Staccate la spina, fate un'escursione, esercitatevi a sopravvivere nella natura, state con la famiglia e gli amici e abbrustolite i marshmallow. Infine, ma non meno importante, prendete il controllo di come volete definire la vostra esperienza all'aperto. Madre Natura vi incontrerà indipendentemente dal luogo in cui vi trovate; il modo in cui lo farete non è essenziale. Questa è sopravvivenza, questo è bushcraft, questo è campeggio e così via. In questo settore sembra esserci una spinta a categorizzare tutto. Nel grande schema delle cose, nulla di tutto ciò ha importanza. L'esperienza è vostra se volete andare all'aperto e praticare l'avventura in Nord America per svelare i segreti del foraggiamento, delle abilità di sopravvivenza e delle abilità primitive. Fatelo, divertitevi e portate con voi i vostri cari. Vi garantisco che sarà più interessante che passare il fine settimana a guardare la vita delle persone su uno schermo. Che cosa ha comportato per voi questa esperienza all'aperto? Andate a scoprirlo.

BONUS

L'aggiunta di foto a colori nel libro lo avrebbe reso sicuramente più elegante e colorato, ma allo stesso tempo anche molto più costoso a causa dei notevoli costi di stampaggio. Nello spirito di un'economia ecosostenibile, abbiamo preferito dare ai nostri lettori un semplice link alla pagina Facebook del libro per raggiungere il libro fotografico, che abbiamo pensato di aggiungere al libro come Bonus Value da regalare a tutti. Lo trovate a questo link:

https://www.facebook.com/profile.php?id=61556862693997

Siamo certi che il materiale che troverete (foto, video, ricette, consigli...) possa arricchire l'esperienza di ogni lettore e motivarlo a uscire finalmente di casa e iniziare una nuova ed entusiasmante ricerca nella natura.

Che il viaggio abbia inizio e che la Natura vi sia favorevole!

www.ingramcontent.com/pod-product-compliance
Lightning Source LLC
Chambersburg PA
CBHW050304230526
45471CB00005B/2009